日本の動物法

第2版

青木人志

東京大学出版会

Animal Law in Japan
(Second Edition)
Hitoshi AOKI
University of Tokyo Press, 2016
ISBN 978-4-13-063346-8

はじめに

まず、本書は「なにであるか」を述べたい。

本書は、日本の動物問題および動物関連法のあり方について関心をもつ一般の市民を読者として念頭に置き、そういった方々の間でとくに関心が高いと思われる局面やトピックのいくつかを選び、その場面を規律している法のダイナミクスと、その将来の課題について論じたものである。

第Ⅰ部では、動物関連立法（とくに動物保護法）の歴史に触れたあと、動物法という新しい法律学の分野を構想した場合に、それをどう体系化できるかにつき、比較法的観点をまじえて若干の私見を述べる。

第Ⅱ部では、人と動物の複雑で密接な関係性のうち、両者の相互干渉のあり方を「まもる」「つかう」というキーワードで表現できる局面にスポットライトをあてる。「人が動物をまもる」「人を動物からまもる」「人と動物が住む生態系をまもる」「人が動物をつかう」という四つの場面をとらえ、動物愛護管理法、家畜伝染病予防法、牛海綿状脳症対策特別措置法、狂犬病予防法、外来生物法、身体障害者補助犬法といった具体的な立法の概要を紹介し、それぞれの課題を指摘する。また、そのうえで、「なぜ、どのように、人は動物をまもるべきなのか」「なぜ、どのように、人は動物をつかうことができるのか」という原理的な問題について、法学の立場からの回答を試みる。

第Ⅲ部では動物法の未来を考える。近年のわが国で動物に関する法がもっとも活発にかつもっとも大きく動き始めた領域は、「人が個体としての動物を保護する」（種ではなく個体としての動物保護法）という側面であるという認識に立ち、まず、日本の動物法において動物の「福祉」がどこまで進んでいるのかを確認する。さらに、福祉を超えて動物には「権利」があるという主張の当否を、法学の立場から検討する。そして最後に、動物法の担い手の問題、とくに動物保護団体の役割について論じ、私たちが日本社会で動物法を語ることの意味を反省する。

このような構成をとる本書は「なにでないか」も、あわせて述べておきたい。

第一に、本書は動物法全体を視野に収めたいわゆる「体系書」ではない。本書で扱った法令は、わが国の動物関連立法のほんの一握りにすぎない。広義の動物法を網羅的かつ体系的に叙述するという作業は、いまのところ私の手にあまる。とりわけ、動物に関わる民事法上の重要問題（たとえばマンションでの動物飼育や動物による咬傷事故から生じる責任問題など）を扱っていないことは、あらかじめ読者に了解しておいていただきたいことである。

第二に、本書は法学者や法律家といった専門家に向けた「理論書」でもない。冒頭に述べたとおり、読者に法律の素人を想定しているため、読みやすさに配慮して、法令の内容を解説するにあたり、条文の言葉づかいをかならずしも厳密には再現せず、また、条文番号の記載も原則として省略するなど、法学の専門理論書ならば守るべき規範にあえて従わなかった部分がある。

もっとも、網羅的体系書や専門理論書を名乗る資格を十分には備えていないからといって、本書の内容が動物法の体系化や理論構築への学問的努力と無関係だとも思わない。

私自身が動物法に関心を持ち始めたのは、一九九〇年代後半のことである。その当時、動物法に関わる日本の法学文献は、書籍も論文もきわめて数が少なかった。その後、急速な立法の発展に刺激されて、近年は動物法に関する論文や著書が、だいぶ公刊されるようになってきた。そのなかには、動物愛護管理法のかなりくわしい解説書や、わが国の動物政策の包括的研究や、内外の動物関連立法を広く収集編纂した大部の法令資料集もあり、動物法研究のための基礎文献が、少しずつそろい始めてきているが、動物法全体を視野に入れた理論体系書は、いまだ世に出ていないといってよかろう。そのような状況のなか、動物法の体系化・理論化という前途多難な課題に向かう一里塚として、不完全で非専門的な本書であっても、多少の学問的貢献をなしうるのではないかと期待している。

日本の動物法［第2版］／目次

はじめに

第Ⅰ部　動物法とはなにか

第1章――動物法の歴史　時間的成り立ち……3
1　動物法の生成　3
2　西欧の動物法――動物保護法の歴史　6
3　日本の動物法の歴史　13

第2章――動物法の体系　構造的成り立ち……17
1　法の世界を分類する――動物はどこにいるのか　17
2　イギリス法の分類　21
3　ペット法の体系　26
4　人と動物の関係に注目した体系化の試み――その1　31
5　人と動物の関係に注目した体系化の試み――その2　44

第3章――西欧法と日本法　動物法の対比……47

第Ⅱ部　人と動物の関係からみた動物法

第4章——人が動物をまもる　動物愛護管理法……53
1　動物保護管理法の成立まで　53
2　動物愛護管理法の概要　64
3　残された課題　71
第5章——人を動物からまもる　家畜伝染病予防法・牛海綿状脳症対策特別措置法・狂犬病予防法……85
1　二つの脅威——鳥インフルエンザとＢＳＥ　85
2　家畜伝染病予防法　90
3　鳥インフルエンザとの戦い　97
4　ＢＳＥとの戦い　100
5　狂犬病予防法　110
6　残された課題　111
第6章——人と動物が住む生態系をまもる　外来生物法……117
1　外来生物問題　117
2　外来生物法　126

3　残された課題　138

第7章——人が動物をつかう　身体障害者補助犬法……153
1　盲導犬・介助犬・聴導犬　153
2　身体障害者補助犬法　163
3　残された課題　170

第8章——「まもる」と「つかう」の法原理……177
1　「まもる」と「つかう」　177
2　人が動物を「つかう」　179
3　人が動物を「まもる」　188

第Ⅲ部　これからの動物法

第9章——動物法の現状　動物の「福祉」はどこまで進んだか……197
1　人と動物の関係の重層性　197
2　動物の福祉と五つの自由　198
3　日本法の動物福祉　204

第10章──動物法の未来　動物に「権利」はあるのか……213
1　動物の「福祉」と「権利」　213
2　法学的な「動物の権利」　219
3　動物は法人たりうるか　222
4　民法学者の議論──変化のきざし　230
第11章──動物法の担い手　動物保護団体になにができるか……235
1　動物法の多様な担い手　235
2　イギリスの動物保護団体　237
3　日本の動物保護団体　249
4　動物保護団体の課題　256
第12章──日本社会と動物法……263
おわりに──第2版にあたって／参考文献

日本の動物法〔第2版〕

第Ⅰ部　動物法とはなにか

第1章——動物法の歴史

時間的成り立ち

1　動物法の生成

それぞれの人が、これまでの人生のなかで動物とどう関わってきたか、まずは思い起こしてみよう。世代や生活体験によって千差万別だろうが、どの人にも、愛着や郷愁そしてときには困惑や恐怖に彩られた、それぞれに豊かな物語があるにちがいない。

たとえば、昭和三〇年代なかばに富士山麓に生まれ育った私の場合はどうか。思いつくままに述べてみよう。

子どものころの動物についての記憶といえば、なんといっても飼犬のことである。スピッツ、シェパード、アイヌ犬という歴代の飼犬がいた。子犬の愛くるしさ。抱き上げたときの温もりと、早鐘のような心臓の鼓動。成犬の頼もしさ。一緒に遊んだ楽しさ。他人様に咬みついてしまったときの家族の困惑。冬の散歩のつらさ。犬が病気になってしまったときの不安。不意の死別とその悲しみ。こういったことどもを思い出す。

ウズラを小籠に入れて飼っていたことがあった。毎日のように卵を産み、それを記録するのが楽しみだった。家の前の田んぼの上空には、トビがいつでも悠々と輪を描き、厳冬期にしばしば全面結氷する湖の上では、ワカサギの穴釣りが季節の風物詩だった。

畜産農家はほとんどない地域だったので、牛や豚をみかけることはなかったが、自宅の近くに打ち捨てられ荒れ果てた養鶏場の跡があった。伝染病が発生したという噂だったが、本当かどうかわからない。

神社のお祭りには、小動物を扱う露天商が屋台を連ねた。金魚すくい。ヤドカリ売り。ヒヨコ売り。当時は青色や緑色に人工的に着色されたヒヨコがよく売られていた。そしてなんといっても亀。売られているのはクサガメかイシガメだった。大きなたらいに入れられて売られている場合もあれば、甲羅にキリで穴をあけられ、タコ糸を通され、横に渡した棒にぶら下げられている場合もあった。あるときから、お祭りの主役はミドリガメになった。小さな翡翠のような美しい色と文様は、子どもたちの目を奪った。当時は、ミドリガメが、いずれ大きなミシシッピアカミミガメになることなど知る由もなく、ミドリガメはけっして大きくならないという風聞を、無邪気に信じていたものだった。

学校給食では、鯨肉が定番のおかずのひとつだった。家庭でも、鯨の大和煮の缶詰が食卓にのぼった。近所の魚屋さんには、イルカの切身もならんでいた。

あるとき近くの山腹に野猿公苑が開園した。これといって娯楽のない時代と地域であったから、さっそく家族で出かけた。入口に注意書きがあり「猿と目を合わせないでください」と書いてあった。本物の猿たちのすぐ近くを通るのは、じつはかなりこわいことを知った。野猿公苑はいつしか閉園した。現在も同じ山には猿の群れが住んでいて、農作物にときどき被害が出るらしい。その猿たちが野猿公苑のサルの末裔かどうかはわからない。

大人になり、都会に暮らすようになってからは、小鳥や金魚といった小動物以外はとても飼える環境にない生活が続いている。そのため、私自身が自宅で動物と関わる機会は、子どものころに比べて減っている。その一方、街ですれちがう飼犬たちは、図鑑でしかみたことのなかっためずらしい犬種が増えている。また、ゴミ集積場周辺に集まる野良猫やカラスは、都会の住人にはおなじみである。

現在勤務している大学の構内はかなり樹木が多い。人影まばらな早朝のキャンパスでは、コジュケイの親子によく遭遇する。キャンパスの池には、水鳥が羽を休めていることもあるし、晴れた日には大ぶりの亀がずらりとならんで甲羅干しをする。ぜんぶミシシッピアカミミガメである。

数年前、キャンパス内に突然、複数の狸が現れるようになった。夜になると現れる狸たちを、目を細めて眺め、こっそり餌を与える人がいる一方で、とめどない繁殖を心配しつつ複雑な気持で眺めている人もいる。キャンパスは市街地に囲まれているうえ、あまりにも唐突なその出現ぶりから考えると、不届き者が遺棄した可能性が高い。

こういった個人的な経験は、人間社会の長い歴史と広い空間のなかでの、ごくごく小さな一コマにすぎないが、その小さな体験のなかにも、動物と人間の関係の複雑さとそれが提起するさまざまな問題が凝縮している。

本書では、このような、複雑でしかも感情的に一筋縄で片づかない関係をめぐって、動物に対する人間のふるまい方のルールが、法という強力な規範のなかにどのように定式化され、構造化されているかを考えたい。

まず第1章では、動物に対するふるまい方のルールが「いつ」法の世界に定式化されてきたか、すなわち、動物法の時間的成り立ちにスポットライトをあてる。

動物法を語ろうとするとき、そもそもなにをもって動物法とよぶのか、というむずかしい問題に直面するのだが、この問題についての立ち入った分析は第2章で行うことにして、さしあたり、ここでは、動物法は人間と動物の関係を規律する法であるという、ごく大まかな理解を前提にして先に進もう。

2　西欧の動物法——動物保護法の歴史

近代動物法は、その淵源をたどると、西欧に起源をもつ。とりわけ、イギリスにおいては、動物関連の立法が古くから活発に行われている。中世以来、さまざまな狩猟鳥獣を保護し維持するために狩猟期・禁猟期を指定する法令がしばしば出されてきたし、財産としての動物を保護する法令も古くからある。これらの法令は、いわば人間の都合から、人間のために動物を保護する性質が明確なものである。

しかし、一九世紀に入ると、ヨーロッパではひとつの画期が訪れる。すなわち、「個体としての動物を不必要な苦痛から保護する」という発想が生まれたのである。つまり直接的には動物自身の利益が保護される時代が到来した。こういった動物保護立法は、一九世紀のヨーロッパで急速に発達した。なぜ、この時期に急速にそのような立法が成立したか。その理由について、ある歴史学者は、一九世紀の科学の進歩により、人間と動物の連続性が認識され、それにより動物の苦痛に対する感受性が高まったからだと説明している(ターナー、一九九四年)。

イギリス国会で一九世紀前半に動物虐待防止法の制定が実現したのは、リチャード・マーチン(Richard Martin)という議員の力が大きい。一八二二年に成立したいわゆる「マーチン法」(正確には「畜獣の虐待および不当な取り扱いを防止する法律」)は、「雄馬、雌馬、去勢雄馬、ラバ、ロバ、去勢雄牛、雌牛、若雌牛、去勢肉牛、羊、その他の畜獣をみだりにかつ残虐に、打ち、酷使し、または虐待した」者を、処罰することにした。この法律とほぼ時を同じくして(一八二四年)「王立動物虐待防止協会」(RSPCA; The Royal Society for the Prevention of Cruelty to Animals)の前身の「動物虐待防止協会」(ＳＰＣＡ)も誕生している。のちに巨大な動物保護団体へと成長するこの団体を設立したのも、同じくマーチンであり、マーチン法の適用を確実ならしめることが、団体設立の目的であった。

マーチン法以来、イギリスは、動物虐待罪の対象となる動物の範囲を拡大し、動物保護法制を著しく発達させてきた。一八三五年には、いくつかの動物関連法が統合され、まとまった動物虐待防止法となった。この法律は「物言わぬ動物たちのマグナカルタ」とも評された。一八四九年と一八五四年にも、保護動物の範囲と犯罪行為の類型があいついで拡大され、動物の管理者に課される法的義務は、それに応じて重くなった。

イギリス動物保護法は、一八七六年に重要な展開をみせる。動物実験の規制と実験動物の保護も、法律によって規定されたのである。動物実験の問題を、動物虐待防止法の枠内で考えるという基本発想は、その後、ヨーロッパ各国に引き継がれることになる。

一九世紀を通じて順調に発達してきたイギリスの動物保護法は、一九一一年の法改正で一応の完成をみる。同法は動物虐待にあたる行為を、これまでになく、詳細かつ包括的に定義した。

現代の日本で議論されている「個体としての動物保護」に関する重要な論点をめぐる基本ルールは、イギリスではこの時点で一定の法律化が完成していた。

その後二〇世紀に入り、動物に関する膨大な個別法令がさらに出される。たとえば西川理恵子氏と鈴木一雄氏は、「イギリスにおける動物福祉に関係する主要法律及び規制」として、二〇〇六年時点で九四種類の法令を数えあげることができた（西川理恵子・鈴木一雄、二〇〇六年）。

イギリスにおける最近の重要な動きとしては、二〇〇六年に従来の動物保護関連の個別法令多数の改廃をともなう「動物福祉法」(Animal Welfare Act 2006)が成立している。

この法律は、現在のイギリス動物保護法の到達点を示す包括的な動物保護立法であり、動物への危害の防止、動物の福祉の増進、許可と登録、行動規範、苦悶している動物への対応権限、執行権限、起訴、有罪判決後の権限などにつき、広く規定するもので、本則全六九条と四種の附則附表からなる。

イギリスで生まれた動物保護法は、一九世紀なかばにフランスにも伝播し、そこでもまた順調な発展を遂げる。

フランスにおける動物保護法の濫觴となったのは、グラモン将軍(Jacques-Philippe Delmas de Grammont)が成立に尽力した一八五〇年のいわゆる「グラモン法」である。

グラモンは、議会演説で、動物虐待罪を新設する理由として、動物はたんなる財物ではなく同情に値する存在であること、動物虐待防止が人間の道徳的改善と風俗の改善に役立つこと、動物虐待防止が農業の振興に寄与する結果、貧困がなくなり、ひいてはむだな軍事的出費もしなくてすむこと、フランス以外の国々、とくにイギリスの動物保護法制をみならうべきこと、動物保護の充実のためにはイギリスなどと同様に動物保護団体の活動が重要であること、などをあげた。

その後、二〇世紀に入って、動物虐待関連の複数の犯罪類型が、フランスでは重層的に刑法典に組み込まれるようになる。いちばん重い犯罪類型は、「公然であると否とを問わず必要がないのに家畜、飼い慣らされた動物または捕獲された動物に対して重大な虐待または残虐な行為をすること」(動物への重大虐待・残虐行為罪）、「コンセイユ・デタのデクレの定めに従わずに、動物に対して実験または科学的もしくは実験的な研究を行うこと」（違法動物実験罪）の二つである。違法な動物実験を、動物虐待に類するものとして位置づけ、厳しく統制しているのは、イギリスと同じである。

このほか、フランスでは、「農事法典」（Code rural）のなかに、動物の保護、獣医師の資格や活動、危険動物・徘徊動物の管理などについての詳細な規定がある。

手続法上も注目すべき規定がある。フランスの刑事訴訟法は、動物保護団体が動物虐待罪について私訴原告人（partie civile）として犯罪被害者のもつ諸権利を行使できるものと明文で定めているのである。私訴原告人というのは、被告人の訴追が行われている刑事法廷において、検察官による犯罪の立証と並行して、被告人に損害賠償を請求する犯罪被害者のことである。刑事訴訟（公訴の提起）と被害者による民事上の損害賠償請求訴訟は別々に行われるのが原則であるが、被害者が希望すれば損害賠償請求を刑事法廷で同時に行うことができ、かつ、被害者が私訴原告人となることを申し立てることにより、公訴提起も促されるのである。

フランスの動物法には一九九九年に新たな展開があった。「危険動物、徘徊動物および動物保護に関する法律」は、動物が人畜に対して危険となる場合は、市町村長がその動物の所有者または管理者に対し、危険を予防する措置をとることを命じることができることとし、一定の「危険犬種」については、飼育、譲渡、輸入などを厳しく統制し、徘徊犬猫の取扱いやその増加予防措置についても規定したほか、コンパニオン・アニマルの売買と保有や動物輸送についても、動物福祉の観点から、最終的には刑罰に裏打ちされた新しい規定を置いた。

動物保護の法思想は二〇世紀前半のドイツでも体系化された。ドイツにおいては、一八七一年のドイツ帝国刑法典のなかに、すでに動物虐待罪規定があったが、時代が下って、ナチス政権時代の一九三三年に、体系的な「動物保護法」（Tierschutzgesetz）が制定されるにいたった。これにより、動物虐待罪規定は、刑法典から動物保護法へ移った。

現行の「動物保護法」の原型は一九七二年にできているが、その後、複数回の大改正を経て、多数の条文が挿入されることにより、現在の条数は当初の二倍を超えている。内容は、基本原則、動物保有、動物のとさつ、動物に対する侵襲、動物実験、専門教育などのための侵襲と処置、素材・生産物・有機体の製造などのための手術と処置、動物の飼養・保有・取引、持込禁止・取引禁止・保有禁止、動物保護のためのその他の規定、法律の施行、刑罰および過料規定、経過規定と最終規定、という一三章からなる。

このようにドイツでは動物保護法の体系化が比較的早く行われたところに、その執行がさまざまな命令によって確保されると同時に、犬、鶏、豚、子牛といった動物種や、輸送、動物実験、と畜といった場面ごとに、それを緻密に補充する命令が出されている。

ドイツには、「動物保護法」と名づけられた法律とそれを補充する命令類のほかにも、注目すべき動物関連立法が二つある。

注目すべき第一の立法は、一九九〇年の「民事法中の動物の法的地位の改善のための法律」である。

同法は、民法典と民事訴訟法典中に動物に関わる新しい条文をそれぞれ追加した。

ドイツ民法典（ＢＧＢ）のなかには「物とは有体物をいう」とする規定（九〇条）がある。その規定に続けて「動物は物ではない。動物は特別の法律によって保護される。動物については、物についての規定を、ほかに規定がないかぎり準用する」という一条（九〇ａ条）が追加された。あわせてドイツでは民事訴訟法典（ＺＰＯ）の強制執行に関する規定のなかで、ペット動物は原則として差押えできないことなどが規定された。

注目すべき第二の立法は、二〇〇二年のドイツ連邦共和国基本法（憲法に相当する）の改正である。この改正により、基本法中に動物保護を「国の責務」とすることが明文で規定された（二〇ａ条）。動物保護についての国の責務を、このように基本法のなかに明記することで、国は動物保護のために積極的に取り組むべき責務を負うことになった。つまり、動物保護の要請が、憲法規範のレベルにまで高まったわけである。

このような規定ができたからといって動物に権利主体性が付与されたわけではないことはもちろんだが、民法典上の「物」の概念定義から動物を明示的に外した第一の法改正とあいまって、ドイツ法においては、動物の法的地位についての大きな地殻変動の兆しをみてとることができる。これらについては第10章でくわしく述べる。

イギリス、フランス、ドイツの三国を含むヨーロッパ連合（ＥＵ）のレベルでも、野生動物、畜産動物、実験動物、コンパニオン・アニマル、展示・スポーツ・娯楽動物、遺伝子操作とバイオ技術といった領域ごとに、動物福祉に関する多数の立法（協定・規則・指令・決定など）や判例が、一九七〇年代なかば以降、活発に生成し続けている。その結果、ＥＵ諸国の動物法は国ごとの個性を保持しつつも、ＥＵ法の内容の充実とともに、域内諸国における規範内容の共通化が進展している。

3　日本の動物法の歴史

こういった西欧諸国の動物法の歩みに比して、わが国の動物立法はどのような歴史をもつだろうか。わが国における動物保護の歴史を考えると、江戸時代（将軍綱吉時代）の一連の「生類憐れみ政策」（岡崎寛徳、二〇〇九年）が念頭に浮かぶ。しかし、その時期に出された諸禁令は近代的な司法制度を前提とした立法ではなく、現在のわが国における動物保護思想との間に断絶があるので、明治維新以降の西欧型近代法の導入後から話を始める。

まず、動物保護法についてみよう。

古くは明治一三年に公布された刑法（旧刑法）のなかに牛馬殺害罪と家畜殺害罪が財産罪の一種として規定されていた。それが明治四一年の警察犯処罰令、そして第二次世界大戦後は軽犯罪法上の「牛馬その他の動物の虐待罪」へと連なっていく。昭和四八年になって、わが国で最初のまとまった動物保護立法ともいうべき「動物の保護及び管理に関する法律」（動物保護管理法）が成立した。動物虐待罪がそのなかに規定されたのにともない、従来、軽犯罪法上にあった同罪は削除された。

「動物の保護及び管理に関する法律」の活用は、十分とはいいがたいものであったが、近年、日本社会内部でも動物の愛護・管理、とりわけ虐待の防止に対する関心が高まり、同法改正の気運が生じ、内容を大幅に充実し法律の名称も一部あらためた「動物の愛護及び管理に関する法律」(平成一一年一二月二二日公布)に結実した。所轄官庁も変わり、旧法時代は総理府であったのに対し、新法(現行法)では環境省である。

新法は、「動物の保護及び管理に関する法律」の改正というかたちをとり、旧法の枠組みを基本的に踏襲するものではあるが、その面目を一新する重要な改正をいくつも含んでおり、わが動物立法史上、画期的なものといってよい。また、この新法は、平成一七年と平成二四年にさらに追加改正され、現在は質量ともにいっそう充実した。

こういった動物保護法の発達の様子は、第4章であらためてくわしく扱う。

それ以外の動物立法はどうだろうか。

狩猟に関する法律は比較的早くからある。たとえば、「鳥獣保護及狩猟ニ関スル法律」(鳥獣保護法)は、大正七年にできている。同法はその後改正されて「鳥獣の保護及び管理並びに狩猟の適正化に関する法律」(平成一四年)となっている。

獣医療に関する法はどうか。「獣医師法」(旧法)は大正一五年にできている。獣医師の免許・試験・業務などについて定める現在の「獣医師法」は、昭和二四年に公布されたものである。飼育動物の診療施設の開設や獣医療を提供する体制の整備に関する「獣医療法」は平成四年にできている。

動物の疾病に関する法律をみると、「家畜伝染病予防法」（旧法）が大正一一年にできている。旧法を廃止してつくられた現行の「家畜伝染病予防法」は昭和二六年にできたものである。狂犬病の予防、まん延防止、撲滅をめざす「狂犬病予防法」も、ほぼ同じ時期の昭和二五年にできている。その後いわゆる狂牛病の発生を受けて、「牛海綿状脳症特別措置法」（平成一四年）、「牛の個体識別のための情報の管理及び伝達に関する特別措置法」（平成一五年）が定められた。

生態系の保護を視野に入れた動物関連立法も重要になってきた。「絶滅のおそれのある野生動植物の種の国際取引に関する条約」（ワシントン条約）（昭和五五年）、「絶滅のおそれのある野生動植物の種の保存に関する法律」（平成四年）、「生物の多様性に関する条約」（平成五年）、「特定外来生物による生態系等に係る被害の防止に関する法律」（平成一六年）、「生物多様性基本法」（平成二〇年）などである。

その他、人間と動物の現代的な関係を規律する「身体障害者補助犬法」（平成一四年）や、ペットフードの安全性を高めるための「愛がん動物用飼料の安全性確保に関する法律」（平成二〇年）も、近年制定された。

こうしてみると、西欧法と比較するかぎり、わが国の動物立法は歴史が浅い。このことは、そもそもわが国の近代法自体の歴史が浅いこととも大いに関係している。

しかし、近年になって、わが国の動物法は、急速な発展を遂げ始めている。この点については第Ⅱ

部で具体的にみることにしよう。

第2章——動物法の体系

構造的成り立ち

1　法の世界を分類する——動物はどこにいるのか

現在わが国には膨大な数の法令が存在する。そのような現行法令を、どのように分類するかは、それ自体興味深い課題である。なぜならば、法令の数々を分類する作業は、われわれの生きている広大な法世界を織り成す諸要素を分析し、それらの重要性に応じて多層的な序列をつけてゆくことを意味し、法世界の森羅万象の構造を読み解き、その見取り図を提示するという、すぐれて知的な営みにほかならないからである。

ためしに、既存の法令集やデータベースの分類例をみてみよう。

まずは、法務省大臣官房司法法制部編『現行日本法規』（ぎょうせい発行）の分類をみてみよう。

表 2. 1　『現行日本法規』（ぎょうせい）の分類項目（2016 年）

憲法，国会，行政組織，国家公務員，行政手続，統計，地方自治，地方財政，司法，民事，刑事，警察，消防，国土開発，土地，都市計画，道路，河川，災害対策，建築・住宅，財務通則，国有財産，国税，事業，国債，教育，文化，産業通則，農業，林業，水産業，鉱業，工業，商業，金融・保険，外国為替・貿易，陸運，海運，航空，貨物運送，観光，郵務，電気通信，労働，環境保全，厚生，社会福祉，社会保険，防衛，外事，条約

この加除式法令集は、全部で一〇〇巻（索引などを除く）からなり、五〇個の編に大きく分かれている。五〇という編の数は一見かなり多いが、法世界の複雑さを考えると、相当な抽象化を経た結果の分類ということになる。

具体的にはどんな編が存在するか。列挙してみると、このとおりである（表2・1）。

こうしてみると、じつにあっけない。これだけの分類に全法令を収めることができるのだから、抽象概念のもつ有効性に、あらためて感心する。

もちろん、この分類はあくまでもひとつの例であって、唯一絶対のものではありえない。もうひとつ、別の例をみてみよう。第一法規法情報総合データベースの分類例である。このデータベースの分類ではさらに編の数が減り、全部で三三である。その内容はつぎのとおり（表2・2）。

二つの分類を比べてみると、大筋は似ている。しかし、微妙にちがう部分もある。つまり、法令分類の仕方の雛型はある程度は存在する。ただし、細部はあくまでも分類者の考え方次第である。

ここで気になるのは、本書が対象とする動物関連法令は、編別上どこに分類されているかということである。ご覧のとおり、『現行日本法規』にせよ、第一法規法情報総合データベースにせよ、大分類項目のなかには「動物」という

表 2.2　第一法規法情報総合データベース（D1-Law）の分類項目

憲法，国会，選挙，行政一般，地方制度，司法・法務，民事法，刑事法，警察・消防，教育・文化，厚生，環境保全，労働，財政，租税，事業，金融，産業一般，農林，水産，商工，資源・エネルギー，貿易・外国為替，陸運，海運，航空，郵政，電気通信，国土計画，建設，国防，外事，条約

言葉は直接現れないので、一見したところ、それはよくわからない。

たとえば、つぎの四つの法律（いずれも本書の第Ⅱ部で取り上げる）が、どのような編別の下に分類されているかを調べてみよう。

①動物の愛護及び管理に関する法律
②家畜伝染病予防法
③身体障害者補助犬法
④特定外来生物による生態系等に係る被害の防止に関する法律

分類階層が編→章→節と三段階に分かれている第一法規法情報総合データベースの分類では、これらの四つの法律の分類場所はそれぞれこのようになっている（表2・3）。

四つの法律の内容はあとで説明するが、いずれも動物に関する法律であることが名称から明白である。しかし、環境保全、農林、厚生という三つの編に分散していて、相互の連関はイメージしづらい。

とりわけ③は、「身体障害者補助犬」が主役（少なくとも主役のひとつ）である法律なのに、その側面が重視されることはなく、データベースの編別上は、社会福

表 2.3　第一法規法情報総合データベース（D1-Law）の分類

①動物の愛護及び管理に関する法律 環境保全（編）──自然保護（章）──動物愛護（節）の下に分類
②家畜伝染病予防法 農林（編）──畜産（章）──家畜衛生（節）の下に分類
③身体障害者補助犬法 厚生（編）──社会福祉（章）──障害者福祉（節）の下に分類
④特定外来生物による生態系等に係る被害の防止に関する法律 環境保全（編）──自然保護（章）──鳥獣保護・生物の多様性の確保（節）の下に分類

祉の法（身体障害者補助犬の普及による障害者福祉の増進と、障害者差別の禁止）という側面が重視され、分類の最小単位である「節」まで降りてきても、分類項目名からは、犬の臭いや動物の気配はまったくしない。

さらに、①と④のように、ともに「環境保全」編「自然保護」章の下に分類されている法律であっても、もう一段階下位の分類となる「節」レベルの相互関係は、はたして自明だろうか。つまり、節の名称になっている「動物愛護」「鳥獣保護」「生物の多様性の確保」という三つの要請は、どこが同じなのか、そして、どうちがうのか。「動物」と「鳥獣」はどうして区別されているのか。「愛護」と「保護」はどうちがうのか。「鳥獣保護」と「生物の多様性の確保」がなぜ併記されているのか。

こういった疑問に答えるためには、動物法の構造分析と、個々の法律の相互関係についての法理論的検討がどうしても必要になる。

2　イギリス法の分類

ところで、「動物」という項目を大きな法分類基準として用いないのは、理論的あるいは原理的な必然性があることかというと、そうではない。

たとえば、イギリスで実際に行われている法分類の例をみてみよう。

イギリス（イングランドとウェールズ）の法令を網羅した法令集として、もっともよく知られているのは、『ホールズベリーの法令集』（Halsbury's Statutes of England and Wales, Fourth Edition, London, Butterworth, 1998 Reissue）である。同法令集は、五〇巻からなる膨大なものであるが、その分類大項目としては、アルファベット順でつぎのような項目が採用されている。やや長くなるが、イギリス的な「法世界の切り取り方」を知るうえで興味深いので、ぜんぶ列挙してみよう（表2・4）。なお、現在は改廃された法令もあるが、個々の法令の内容が問題ではないので、同法令集の記述のままとする。

これらの項目は、数えてみると全部で一三四ある。先に紹介したわが国のデータベースのいちばん大きな編分類の約四倍の項目数を立てていることになる。項目名を見比べてみると、「航空」「刑事法」「警察」「消防」といった日英共通の大分類はあれ、概してイギリスの分類項目は具象性が高い。

日英のこのようなちがいの背景には、抽象的な法典をつくるよりは、具体的な個別法令をつくるこ

表 2.4　ホールズベリー法令集の分類大項目

海法，代理，農業，割当地と小保有地，**動物**，仲裁，建築家と技師，軍隊，競売，航空，銀行，破産と支払不能，バリスタ，賭け・くじ，為替手形，売買証書，住宅金融組合，埋葬と火葬，運送人，慈善事業，児童，市民的権利と自由，クラブ，入会権，コモンウェルスとその他の領土，会社，強制取得，憲法，消費者信用，裁判所侮辱，契約，著作権，検屍官，県裁判所，裁判所と法的サービス，刑事法，国王訴訟手続，関税と消費税，損害賠償，差押，地役権と採取権，教会法，教育，選挙，電気，雇用，衡平法，禁反言，欧州連合，証拠，遺言執行者と遺言管理人，爆発物，犯罪人引渡と逃亡犯罪人，消防，漁業，食品，林業，共済組合，ガス，労働衛生安全，公道・橋，住宅，勤労者共済組合，保険，判決と強制執行，陪審，土地排水と改良，不動産貸主と借主，法律扶助，名誉毀損，図書館その他文化科学施設，許可と酒税，出訴制限，地方政府，ロンドン，治安判事，市場と定期市，婚姻関係法，医事と薬事，精神衛生，鉱山・鉱物・採石場，不実表示と詐欺，錯誤，通貨，譲渡抵当，国民医療制度，国籍と移民，ネグリジェンス，北アイルランド，公証人と免許を受けた不動産譲渡専門弁護士，ニューサンス，オープンスペースとナショナルヘリテージ，国会，組合，特許と意匠，貴族と栄典，年金と退職手当，永久拘束禁止則，警察，港湾，郵便，刑務所と在監者，賞品，公衆衛生と環境保護，鉄道・内陸水路・パイプライン，格付け，物的財産権，個人に関する登記，道路交通，動産売買と消費者保護，土地売買，貯蓄銀行，執行官と執行官補佐人，海運と航海，社会保障，ソリシタ，印紙税，制定法，証券取引所，課税，電気通信と放送，劇場その他の娯楽施設，期間，不法行為，都市田園計画制度，通商と産業，商標と商号，信託と承継的財産設定，付加価値税，評価人と査定人，戦争と非常事態，水，度量衡，遺言

とに熱心なイギリス法文化の特質も関係しているのだが，しかし，それにしても，せいぜい一三四個の項目ですんでしまうことは驚くに値する。人間社会の複雑さ，法に関連する事項の膨大さを思うとき，森羅万象がたったそれだけの数の項目にまとめあげられてしまうということは，とりもなおさず，分類項目として選ばれた事項のもつ，法的重要性の高さを物語るものでもある。

ホールズベリーの分類項目をもう一度眺めていただきたい。アルファベット順で五つ目の項目がじつは「動物」（animals）となっていることに注目してほしい。法令

表 2.5　ホールズベリー法令集の「動物」に分類される法律の名称

「夜間密猟法 1828」「狩猟法 1831」「夜間密猟法 1844」「ノウサギ法 1848」「狩猟免許法 1860」「密猟防止法 1862」「犬法 1871」「猟獣法 1880」「税関および内国歳入庁法 1883」「ノウサギ保全法 1892」「税関および内国歳入庁法 1893」「猟獣（修正）法 1906」「犬法 1906」「動物保護法 1911」「動物保護法（1911）改正法 1921」「金融法 1924」「演技動物（規制）法 1925」「動物保護（修正）法 1927」「犬（修正）法 1928」「危害輸入動物法 1932」「動物保護法 1934」「金融法 1937」「映画（動物）法 1937」「ウサギ被害防止法 1939」「農業（人工授精）法 1946」「ウマの断尾および尾根切開法 1949」「ペット動物法 1951」「闘鶏法 1952」「犬（家畜保護）法 1953」「動物保護（修正）法 1954」「動物保護（麻酔）法 1954」「疫病法 1954」「狩猟法律（修正）法 1960」「動物遺棄法 1960」「動物（残虐な毒物）法 1962」「動物宿泊施設法 1963」「動物保護（麻酔）法 1964」「南極条約法 1967」「農業（雑則）法 1968」「郵便法 1969」「狩猟法 1970」「乗馬施設法 1964」「農業法 1970」「動物法 1971」「農業（雑則）法 1972」「犬繁殖法 1973」「蹄鉄工（登記）法 1975」「番犬法 1975」「危険野生動物法 1976」「蹄鉄工（登記）（修正）法 1977」「ミツバチ法 1980」「動物健康法 1981」「動物園免許法 1981」「ペット動物法 1951（修正）法 1983」「動物健康福祉法 1984」「動物（科学的処置）法 1986」「動物保護（刑罰）法 1987」「地方政府法 1988」「残虐な束縛からの保護法 1988」「危険犬法 1989」「環境保護法 1990」「シカ法 1991」「犬繁殖法 1991」「アナグマ保護法 1992」「野生哺乳類（保護）法 1996」「危険犬（修正）法 1997」「動物健康（修正）法 1998」

集の編纂者は、まさに「動物」という項目を「法世界の重要項目のひとつ」に選んでいるのである。

では、具体的に、どのような法令が「動物」という表題のもとに分類されているだろうか。数えてみると、ちょうど六七個の法律が、そのなかにまとめられている。ここでも大まかなイメージをつかむために、法令の略称だけ全部列挙してみよう（表2・5）。念のため付記すると、ここにあげる法令名は、あくまでも法令集出版当時のもので、その後制定されたものは重要法令であっても入っていないことはいうまでもない。

個々の法令の内容をみる余裕はないが、狩猟、課税、虐待防止、衛生、危険防除、動物関連施設、繁殖、といった多様な事柄についての法律が、「動物」という項目のもとに統括されていることがわかる。もっとも、このような雑多な内容の法律を体系的に位置づけるのは、イギリスでもやはり容易ではないようだ。

たとえば、マーガレット・E・クーパー著『動物法入門』(Cooper, 1987) という、イギリスで出版された啓蒙書を例にとってみよう。クーパーは弁護士で、現在ケント大学名誉研究員でもある。同書の冒頭で、著者は、「動物法」の限界線をどこに引くかについての悩みを語り、どんな書き方をしたとしても、読者は、一方で、自分にとって重要な分野が除外されているといい、またその一方で、ある話題は動物法との関連が薄いといって、不平を述べるにちがいないと書いている。そして著者自身は、「獣医師や生物学関係の業についている人を読者に想定している」とことわったうえで、つぎのような目次に沿って筆を進める (表2・6)。

クーパーの本は、ホールズベリーの法令集の「動物」の項目に集められた法律を網羅的に扱うものではないし、同法令集が「動物」の項目に入れていない法律を扱っている部分もある。また、同書第8章では、ごく一般的な労働安全についての法規制が語られており、動物との関連性が薄い内容まで扱われている。獣医師や生物学関係の職場で働く人を読者層に想定している都合上、そういった人たちの職場の安全衛生環境が問題になるのだろうが、このような章が「動物法」の著作のなかに入ることに違和感を禁じえない。

だが、そのような問題はあれ、法令集の法令名を平板に列挙した表2・5と比べてみると、クーパ

表 2. 6　クーパー『動物法入門』の目次

第 1 章　動物法——序論
第 2 章　動物に対する責任
責任と権利　国王大権　コモンロー上の所有権　所有者の責任と権利　犬に対する責任　道路事故　動物の売買　所有に関する諸問題
第 3 章　福祉立法
残虐行為禁止立法　福祉に関係するその他の立法　畜産動物の福祉　輸送の際の福祉　輸出動物の福祉　商業目的で保有される動物に関係する免許
第 4 章　科学的目的のために使用される動物
科学的目的のための動物使用についての立法　1986 年動物（科学的処置）法　1986 年動物（科学的処置）法と相互作用する立法　研究に使われる動物に関係するその他の立法　動物実験の遂行を要求する立法　付・1876 年動物虐待法
第 5 章　動物の健康
総論　特定疾病の統制　報告義務のある疾病　移動　魚類の疾病統制　輸入輸出
第 6 章　動物の取扱いと世話
獣医外科　医薬品　火器
第 7 章　保全
1981 年野生動物と田園法　禁猟期間による保護　伝染病の統制　取引統制
第 8 章　健康と安全
1974 年労働健康安全等法　規制・業務基準・ガイドライン　健康安全立法の執行　その他の安全法令　労働事故
第 9 章　動物に関する海外立法と国際立法
国際的立法　各国の法律　アメリカ合衆国　ヨーロッパ　他の諸国　問題別の各国立法

ーの著作の目次からは、動物法内部の「体系的構造」がそれなりに浮かび上がってくることに、読者はお気づきであろう。

3　ペット法の体系

動物法の体系について説き始めるにあたり、わざわざ外国（イギリス）の例に言及したのは、好事家的で迂遠なやり方に思えるかもしれない。

しかし、そこにはちゃんと理由がある。じつは、わが法学界においては、そもそも「動物」という視角で関連法令を括り、一個のカテゴリーをつくること自体が一般的ではない。「動物法」というタイトルを冠した法学の著作はほとんど存在しないし、「動物法」という言葉は独立した法分野の名称としてはまだ市民権を得ていない。このことは、先にみた法令集やデータベースの分類項目に、「動物愛護」などの小項目はあれ、「動物」という大項目が用いられないこととも関係している。動物関連法の相互連関が十分に認識されていないから、「動物」という項目により法令分類がなされない。そして、「動物」が法令分類の基準とされないから、「動物法」という名称も受け容れられない。こういう循環構造がある。

動物法の体系を考えるきっかけとして、イギリスの法令分類や著作を紹介したのは、わが国の状況を考えると、「動物法」という問題把握の仕方がすでにかなり一般化している国（イギリス）の例を参考にするのが適切だからである。

わが法律学（法解釈学）の分野名は、伝統的に当該分野の中核となる基本法典の名称を使うことが多い。法解釈学のそれぞれの学問分野は、当該分野の中心となる基本法典と、それを取り巻く諸法令の規範論理の構造を解明することを中心的課題としてきた。憲法、民法、商法、刑法、民事訴訟法、刑事訴訟法といったいわゆる主要六法には、それぞれ、憲法学、民法学、商法学、刑法学、民事訴訟法学、刑事訴訟法学という学問分野名を対応させることができる。ほとんどの法学者のアイデンティティもこれに対応しており、憲法学者、民法学者、商法学者、刑法学者、民事訴訟法学者、刑事訴訟法学者のいずれかに、大多数の法解釈学者は分類可能である。

もっとも、そういった法典中心の「縦割り」ではなく、素材となる事項を中心に諸法典・諸法令を「横断的に切取る」法律学の学問分野も、徐々に現れ始めている。具体的には、「医事法」「情報法」「環境法」「女性法学」（フェミニズム法学）などがそれである。こういった学問分野は、いずれも、医事紛争の頻発と医療における患者の権利意識の高まり、インターネットの普及とプライバシー意識の高揚、強い環境保護意識の醸成、女性差別についての感覚の鋭敏化といった社会の要請に背中を押されて開拓された。それらは法律学の学問分野の一分枝として認知されることをめざし、実際にその一部は、すでに確固たる学問領域名として定着している。

近年の動物問題（とりわけ動物愛護や動物種の保全）に関する日本社会の意識の高まりや、「ヒトと動物の関係学会」や「ペット法学会」といったユニークな学会が設立されていることを鑑みると、「動物法」という名称が近い将来に定着する可能性は十分あるだろう。

実際、近年、動物関連問題を扱う法律書や法学論文は明らかに増えた。最近の重要な貢献には、行政学者による動物政策の包括的研究（打越綾子、二〇一六年）と、弁護士によるペットに関する総合的な判例集（浅野明子、二〇一六年）があげられる。私自身も動物と法に関する著作を二冊（青木人志、二〇〇二年a、二〇〇四年）出版しているが、「動物法の体系化」という観点からぜひ取り上げるべき重要な仕事は、吉田眞澄氏が編集代表となって編纂した『ペット六法』（二〇〇二年第一版、二〇〇六年第二版）である。本書ではとくに同書中に吉田氏が寄せている「ペット法概論」という論文に注目したい。

吉田氏は前述の「ペット法学会」の設立に中心的に関わった民法学の専門家であり、ペット問題と法についての著作も多い。氏のこの論文は、「動物法」より射程を控え目にした「ペット法」をタイトルに謳っているが、実質的にはペット法を超えた動物法の体系化について論じた先駆的な仕事である。

以下、吉田氏の議論の概略を紹介しよう。

まず、氏は、「動物の法律上の位置づけ」を論じる。そこでは、動物が法律上は「物」として位置づけられるので、あらゆる法律中に使われている「物」や「動産」のなかに動物も含まれることになり、基本法典中に動物を例外扱いする規定はほとんど存在しない、という認識が示される。また、

表 2.7　動物法の分類（吉田眞澄）

Ⅰ．動物私法（下位分類はとくにない）
Ⅱ．動物公法（6と7は将来の可能性だけ示唆）
1. 動物愛護法
2. 動物健康衛生法
3. 就労動物法
4. 野生動物法
5. 産業動物法
（6. 展示動物法）
（7. 実験動物法）

「所有者のいない野生動物は別として、所有者のいるペット、産業動物、実験動物、展示動物、就労動物（盲導犬、聴導犬、介助犬、救助犬等）といったような人と動物の関係の違いを基準にした区別を含め動物についてなんの区別もされずにすべての動物が物として一律に扱われている」とする。

つぎに氏は、「動物の法律の体系と分類」に説き進む。まさしく動物法の体系化という問題を正面から論じたものなのだが、このような表題のもと氏がまっさきに述べざるをえなかったことは、やはり、「動物法の体系の欠落」という事実であった。「主要六法が、すべての動物を物として捉えているところに共通性が見られはするが、その点を除くと、これまで、動物に関する法律すべてを体系的に捉え、全体的に統一性と整合性を持たせようという動きは見られなかった」、たとえば「動物の法律については、学者や学界の関心も薄く、動物の法律が学問的検討の対象にされ、本格的に議論されだしたのはここ数年のことに過ぎないのである。したがって、学問的にも、全体の体系や法律相互の内容の整合性といった問題まではまだ手がつけられていない」というのが、氏の認識である。

そのうえで、吉田氏は、私法・公法という従来の法律学の二大分類に従いつつ、動物法につぎのような概観を与える（表2・7）。なお、私法・公法という用語は、それぞれ、市民相互の水平的関係を規律する法（私法）、国家機関・行政機関が関わる垂直的関係を規定する法（公法）を意味している。私法の典型例は民法・商法、公法の典型例は憲法・行政法・刑法・訴訟法である。

吉田論文によると、動物私法を支える柱は三つある。

第一の柱は、「動物は、所有権をはじめとする権利の客体として人の支配下に置かれるべき物というところに最も根本的な法的意味が存在する」ということ。

第二の柱は、「規約や契約が重要な意味をもち、必要以上に法律が前面に出ない」こと。

第三の柱は、「動物が人に損害を与えるタイプのものも、逆に動物が被害を受けるタイプのものも、害を加えた側に故意や過失があれば損害賠償の責任が生じ、それがなければ損害賠償の責任が生じない」ことである。

動物に関連する私法の領域にこれら三つの柱が存在することに異論はない。しかし、これらはいずれも私法（民法）の大原則をあらためて確認したもので、「他の私法分野と違う動物私法に固有の原理」が存在することを主張し、その内容を記述するものではない。

現在の日本法のなかに、動物法独自の私法原理が見出せないのであれば、「動物私法」という名称をつくってみてもその内実は希薄なものとならざるをえず、たんに「私法」と一般的によぶのとほとんど差はないことになるだろう。

4　人と動物の関係に注目した体系化の試み——その1

こうしてみると、私法領域において動物をほかの物と別個に扱う特別規定がほとんどない現在の日本法を前提とするかぎり、動物法の独自の特徴は「私法」よりむしろ「公法」の領域に強く現れていることになる。広義の動物法と狭義の動物法を区別し、狭義の動物法は、むしろ公法に限定すべきであろう。

そこで吉田氏が提示した公法領域の分類を検討してみよう。6と7は将来の分類可能性を示唆しているにすぎないものだが、この際、あわせて考える。

①動物愛護法
②動物健康衛生法
③就労動物法
④野生動物法
⑤産業動物法
(⑥展示動物法)
(⑦実験動物法)

『ペット六法』（第一版）では、これらの分類項目のうちの①から⑤の下に、それぞれつぎのような法令（出版後、名称が変わった法令もある）を収録（または言及）している。

①動物愛護法

動物の愛護及び管理に関する法律、動物の愛護及び管理に関する法律施行令、動物の愛護及び管理に関する法律施行規則、家庭動物等の飼養及び保管に関する基準、動物取扱業者に係る飼養施設の構造及び動物の管理の方法等に関する基準、展示動物等の飼養及び保管に関する基準、実験動物の飼養及び保管等に関する基準、動物の処分方法に関する基準、自治体のペット条例。

②動物健康衛生法

獣医師法、獣医師法施行令、獣医師法施行規則、獣医療法、獣医療法施行令、薬事法、薬事法施行令、動物用医薬品等取締規則、狂犬病予防法、狂犬病予防法施行令、狂犬病予防法施行規則。

③就労動物法

身体障害者補助犬法。

④野生動物法

絶滅のおそれのある野生動植物の種の国際取引に関する条約（ワシントン条約）、外国為替及び外国貿易法、輸入貿易管理令、輸入貿易管理規則、絶滅のおそれのある野生動植物の種の保存に関する法律、絶滅のおそれのある野生動植物の種の保存に関する法律施行令、絶滅のおそれのある野生動植物の種の保存に関する法律施行規則、絶滅のおそれのある野生動植物の種の保存に関する法律第五二条の規定による負担金の徴収方法等に関する省令、希少野生動植物種保存基本方針、鳥獣保護及狩猟ニ関スル法律、鳥獣保護及狩猟ニ関スル法律施行令、鳥獣保護及狩猟ニ関スル法律施行規則、文化財保護法。

⑤産業動物法

酪農及び肉用牛生産の振興に関する法律、家畜改良増殖法、養鶏振興法、養蜂振興法、肉用子牛生産安定等特別措置法、家畜商法、家畜取引法、卸売市場法、家畜排泄物の管理の適正化及び利用の促進に関する法律。

ここでは「動物法の体系」をマクロ的な視点から考えているから、列挙された細かな法令の内容は扱わないし、その必要もない。読者のみなさんにも、法令名だけをざっと流し読みしていただけば十分である。

ただ、その代わり、吉田氏が提示した七つの大きな法分野名を、じっくり眺めていただきたい。

まず、気づくことは、「動物愛護法」と「動物健康衛生法」については、動物になんら限定がついていないが、それ以外はすべて「〇〇動物」という限定がついている、ということである。

そこから、「動物愛護法」と「動物健康衛生法」は、総論的な法分野名で動物一般に広く関わる可能性のある法規範であり、それゆえ、動物法の体系上、全体を貫く土台となる法規範を形成するという推測がつく。

つぎに、「就労動物」「野生動物」「産業動物」「展示動物」「実験動物」という五つの各論的分類がどのような視点からなされているかを自覚的に分析してみよう。

①就労動物法にいう「就労」＝人のために動物が働く。
②野生動物法にいう「野生」＝人の所有・占有下に置かれていないという動物の属性。
③産業動物法にいう「産業」＝人が動物を産業に利用する。
④展示動物法にいう「展示」＝人が動物を展示する。
⑤実験動物法にいう「実験」＝人が動物で実験する。

分類視点を、より抽象化して表現すると、つぎのようになる。

①就労動物法にいう「就労」＝動物の活動の、人にとっての意味に着目。
②野生動物法にいう「野生」＝動物の属性の、人にとっての意味に着目。
③産業動物法にいう「産業」＝動物を客体とする人の活動の、人にとっての意味に着目。
④展示動物法にいう「展示」＝動物を客体とする人の活動の、人にとっての意味に着目。

⑤実験動物法にいう「実験」＝動物を客体とする人の活動の、人にとっての意味に着目。

ご覧のとおり、③、④、⑤は分類基準の平仄がそろっているが、①と②はやや性質がちがっている。①については、「就労」とはいっても、結局のところ人がその動物に指示を出して、動物の行動を制御することによって「就労させている」のだから、かりに動物自身が自発的な意思や喜びをもってその指示に従っている可能性があるとしても、広い意味ではこれも「動物を客体とする人の活動の、人にとっての意味」に注目した分類であるということができるだろう。

ただし、②の視点（「野生」）は、動物の属性を問題とする点で、明らかにほかの分類と次元がちがうので、並列に置くことはできない。

②とそれ以外のちがいを考えよう。①の就労動物のなかにイメージされているのは、盲導犬・介助犬・聴導犬（これらを法律上は身体障害者補助犬と総称する）である。また、③の産業動物は牛、豚、鶏などの畜産動物、④の展示動物は動物園・水族館などに展示されている諸動物、そして、⑤の実験動物は、実験に使われるマウス、ラット、兎、猫、犬、猿などである。

こうしてみると、①、③、④、⑤は、いずれも人が占有・所有している動物についての法を意味するので、まずは、「野生動物法」と「非野生動物法」（人の占有・所有下にある動物についての法）という二大分類をつくるべきだということがわかる。

Ⅰ　野生動物法
Ⅱ　非野生動物法＝就労動物法・産業動物法・展示動物法・実験動物法

つぎに、「非野生動物法」内部の構造分析に移る。いろいろな分類視点がありうるが、人と動物の関係にとって重要なのは、「その動物の個性が重要かどうか」という視点である。その視点から、グルーピングすべきは、それぞれ、動物の個性が重要な①と④、そして、動物の個性が重要でない③と⑤である。

Ⅰ　野生動物法
Ⅱ　非野生動物法
　1　動物の個性が人にとって重要である＝就労動物法・展示動物法
　2　動物の個性が人にとって重要でない＝産業動物法・実験動物法

さて、ここまできて、やや奇妙なことに気づく。個性が重要な動物としては、まずなによりも、名前をつけて可愛がられる愛玩動物・ペット動物（伴侶動物またはコンパニオン・アニマルという人も多い）が念頭に浮かぶはずだが、これらが欠落しているのである。
どうしてこうなったかというと、愛玩動物・ペット動物についての法規制を、吉田氏の分類は、動物愛護法、動物健康衛生法という項目の下に入れているからである。
本書の立場は、先に示唆したとおり、これら二つの法分野は、愛玩動物のみならず、就労動物・産業動物・展示動物・実験動物のいずれにも適用される総則的な規定と理解するのが体系的に明快だというものである。そこで、各則的分類として、やはり「愛玩動物法」という項目をひとつ立てて、動物の人にとっての意味づけを基本にした各則的分類を以下のように体系化することを提案したい。

Ⅰ 野生動物法
Ⅱ 非野生動物法
1 動物の個性が重要である
①伴侶動物法
ア 愛玩動物法
イ 就労動物法
②展示動物法
2 動物の個性が重要でない
①産業動物法
②実験動物法

表 2.8　動物法（狭義）の体系マトリックス

	野生動物	非野生動物				
		動物の個性が重要である			動物の個性は重要でない	
		伴侶動物		展示動物	産業動物	実験動物
		愛玩動物	就労動物			
動物愛護法	A1	A2	A3	A4	A5	A6
動物健康衛生法	B1	B2	B3	B4	B5	B6
その他の法規定	C1	C2	C3	C4	C5	C6

これに、先ほど来、何度も言及している、総論的な「動物愛護法」と「動物健康衛生法」がかぶってくるので、結局、吉田氏の示した分類項目名を利用しつつ考えた動物法の全体像は、表2・8のように複雑なマトリックスで表現すべきものとなる。

ところで、このように、動物という複雑な対象を扱う法には、じつはさまざまな視点に立脚した個別法令が、入り組んで存在している。法律の専門家でない人にとっては理解しにくいことなので、補足説明をしよう。

たとえばペットの犬を例にとってみる。そのペットは、愛情豊かな飼主にとっては、かけがえのない大事な存在であるにちがいない。実際、その犬はまさに「その犬全体」として、あるいは、「まったき存在」として、飼主やその家族の生活に深く関わっていることだろう。

しかし、法の世界では、もう少し分析的な見方をしなければならない。すなわち、ペットの犬のような複雑で意味に満ちた存在を、そのままの複雑さ、そのままの全体性を維持した「まったき存在」として、一個の法令の規制に服させることはたいへんむずかしい。

だからこそ、法という社会統制の技術の世界では、それぞれの法令に固有の立法目的に応じたさまざまな角度から、そのような複雑で意味に満ちた存在に光をあて、その光によって照らし出される局面や機能だけを「当該法令では」規制や保護の対象とするのである。

もう少し具体的に説明しよう。たとえば、他人のペットの犬を故意に殺傷すると、刑法上は器物損壊罪という犯罪が成立する可能性が生じる。また、道路交通法は、視覚障害者は道路歩行にあたり白杖を携行するか盲導犬を連れていなければならないと規定している。このような規定方式をもって、かけがえのない存在である「ウチの子」を「物扱い」するのは耐えられないとか、命ある盲導犬を「杖」と同視するなんて、法律とはなんと冷たく嫌なものであるか、という感想を抱く読者はいないだろうか。

そのような議論がなされがちなのは、「法律の技術性」があまり理解されていないか、人間世界における動物の多面的な機能を分析的にみていないからである。

器物損壊罪に関していえば、動物には経済的価値（つまり財産的価値）があることは、現在の人間社会では自明のことである。ペットの犬、つまり「かけがえのないウチの子」であっても、もともとはペットショップで購入したり、知人から有償で譲り受けたりした例がかなり多かろう。ましてや、それが希少な純血種であったりすれば、市場では相当な値段がつく。

つまり、飼主がその側面を積極的に利用するかしないかという主観的意図には関わりなく、客観的には動物には経済的・財産的価値があるし、したがって、通常の財産（たとえば自動車や骨董の壺のようなもの）と同じく、その毀損（傷害）を抑止し、処罰する必要があるのである。器物損壊罪の保護対象に「人の所有物である動物」も入るのは、そういう趣旨からである。

もうひとつ注意しなければいけないのは、動物についても器物損壊罪を適用するという法の意図は、それに尽きているのであって、それ以外の動物のもつ側面、たとえば「命ある存在、苦痛を感じる能力のある存在」としての側面を、なんら否定しようというものではない、ということである。実際、それゆえに、器物損壊罪とは別に、動物殺傷罪・動物虐待罪が、「動物の愛護及び管理に関する法律」に規定されているのである。

器物損壊罪と動物殺傷・虐待罪という両者の罪質のちがいは、自分の所有する動物を虐待した場合と、他人の動物を虐待した場合を比較するとわかりやすい。

まず、飼主が自分の所有する動物を虐待したとする。器物損壊罪はあくまでも「他人の」財産を侵害する罪であるから、飼主が自分の所有する動物を傷害（損壊）しても、器物損壊罪にはあたらない。自分で自分の持ち物（たとえば机や衣服）を壊したり破いたりするのと、「財産的な評価の観点からは」同じことだからである。

しかし、いくら動物に対する所有権をもっていたといっても、動物を虐待して動物に苦痛を与えたという点については、非難をまぬかれない。「動物の愛護及び管理に関する法律」で規定している動物殺傷罪・動物虐待罪は、その側面を処罰する。したがって、被害動物が虐待者の所有物であったとしても、動物殺傷罪や動物虐待罪は成立する。

一方、他人の所有する動物を虐待した場合はどうか。虐待者は、被害動物を死なせたり傷つけたり弱らせたりすることにより、他人の財産（所有物としての動物）の経済的価値を侵害していると同時に、生命ある存在としての動物にもみだりに苦痛を与えたといえる。したがって、この場合は、財産を守る器物損壊罪で処罰することもできるし、動物殺傷罪・動物虐待罪で処罰することもできる。

裁判実務では、検察官にどの罪名で起訴するかを判断する権限があり、他人の飼っている動物を殺傷・虐待した場合は器物損壊か動物殺傷罪・動物虐待罪のいずれかひとつで起訴される可能性が高いが、理論上は、罪質の異なる二つの罪が同時に成立すると考えるべきであろう。

以上のことからわかるように、「器物損壊罪は動物を物扱いするのでけしからん」という類の議論は、やや素朴すぎる考え方である。くどいようだが、動物には財物性があり、かつ、器物損壊罪は「まさにその一側面」だけに光をあてているものだからである。

念のためいうと、もうひとつの、「盲導犬を白杖と同じに扱うことはけしからん」という批判についても、やはり同じことである。

道路交通法は、あくまでも道路交通の安全の確保という問題に限定して、その角度からのみ、盲導犬に光をあてているにすぎない。そしてその見地からは、視覚障害者に、白杖の携行や盲導犬同伴を義務づけることによって、その人が視覚障害をもっていることを他人が認識でき、その結果本人の安全が確保できるのであれば、それが望ましいのは明らかである。

ただそれだけのことであって、視覚障害者の道路歩行について規定する道路交通法が命ある盲導犬を命のない白杖と同列に規定しているからといって、命ある存在をないがしろにするものではないし、盲導犬が命も感覚もある動物として理不尽な苦痛から保護されるべきことをなんら否定するものではない。道路交通法は、あくまでも道路交通の安全という角度からのみ、盲導犬のもつ機能に一筋の光をあてただけであり、犬という存在のもつすべての側面をカバーするものではありえない。

以上のような点にあらかじめ注意を喚起したうえで、先ほどの動物法のマトリックスの全体像を、あらためて眺めてみよう。

もともとこのマトリックスは、吉田眞澄氏が現行法令を分類するのに使った用語を基礎にしつつ、具体的な現行法令のことはさしあたりさほど考えず、論理性・体系性を理論的に考えつつそれを組み替えたものである。したがって、すべての現行法令が、どこか一マスだけに必ず入るというものではなく、マトリックスの複数のマス目にまたがる法令（たとえば「動物の愛護及び管理に関する法律」など）もある。また、このマトリックスの分類項目より小さく一定の範囲の動物種だけに適用される法令（たとえば「牛海綿状脳症特別措置法」）もある。

個々の法令の対象動物種の範囲がそれぞれちがうし、単一の法令であってもその内部の規定により対象動物がちがってくることもあるので、どのような分類をつくったにせよ、このような不都合が生じることは、多かれ少なかれ避けられない。

いま重要なのは「マクロ的な視点からの把握」であるから、細かいことは気にせず、日本の動物法の大きな特徴を考えてみよう。

それには、外国法と比較するのが、有効な手段である。

そこで、もういちど、イギリス法の分類上「動物」という項目にまとめられていた諸法律の一覧（前述）を眺めてみよう。イギリスと日本では、法文化的なちがいがあるので、単純な比較を慎まなければならない側面はあるが、一見してイギリスには動物保護関係の法律がとにかく多いことに気づく。

たとえば「動物保護法　一九一一」「動物保護法（一九一一）改正法　一九二一」「演技動物（規制）法　一九二五」「動物保護（修正）法　一九二七」「動物保護法　一九三四」「映画（動物）法　一九三七」「ウマの断尾および尾根切開法　一九四九」「ペット動物法　一九五一」「闘鶏法　一九五二」「犬（家畜保護）法　一九五三」「動物保護（修正）法　一九五四」「動物保護（麻酔）法　一九五四」「動物遺棄法　一九六〇」「動物（残虐な毒物）法　一九六二」「動物保護（麻酔）法　一九六四」「動物健康法　一九八一」「動物園免許法　一九八一」「ペット動物法　一九五一（修正）法　一九八三」「動物健康福祉法　一九八四」「動物（科学的処置）法　一九八六」「動物保護（刑罰）法　一九八七」「残虐な束縛からの保護法　一九八八」などは、みな動物福祉関連法である（のちに「動物福祉法　二〇〇六」にまとめあげられたものもある）。

また、これらの法律の名称をみると、家畜や実験動物の保護についての法が多いことにも気づく。

これに対して、わが国では、命令（政令・省令）や基準（告示）や条例（地方自治体の議会が決める）のレベルの規定こそあれ、法律のレベルでは「動物の愛護及び管理に関する法律」が動物保護の問題をほぼ一手に引き受けており、しかも、後述するように、同法は、三回の改正作業を経て充実してきているとはいえ、産業動物や実験動物の保護については、いまなおきめ細かな規定を欠いている。

つまり、イギリスのように歴史上早くから、熱心に動物保護法制を広く整備してきた国と比べると、わが国の動物法は、動物保護の観点からは、まず「法律」による規制がいまだに少ない。そして、規制対象となる動物という観点からは、産業動物や実験動物の保護についての法規制がさほど充実していないという特徴も指摘できる。これらの手薄な領域については、今後、社会の動きとともに、徐々に「法律による規制」が導入されてくる可能性が高いと考えておくべきだろう。

5　人と動物の関係に注目した体系化の試み——その2

さて、ここまで読み進んできた読者のみなさんは、硬い専門用語と議論の理屈っぽさにげんなりしているかもしれない。

そこで、厳密な体系分類の話はこのくらいにとどめ、もうひとつ、「人と動物の関係」という観点から、簡易でわかりやすい分類の仕方を提示し、第Ⅱ部では、その分類の仕方に沿ったかたちで記述を進めたい。

たとえば、こんな分類はどうか。「人がどのように動物に働きかけるか」という観点から、まず、大きく、「まもる」と「つかう」という二つの働きかけ方を想定する。つぎに、「まもる」の範疇のうちに、人が動物をまもるのか、人を動物からまもるのか、人と動物が住む生態系をまもるのかを区別する。さらに、「動物をまもる」のうちに、個体としての動物をまもるのか、種としての動物をまもるのかを区別する、というものである。

具体的には、つぎのようになる。

〈動物法の体系・提案②〉

Ⅰ　まもる法

1　人が動物をまもる

①個体としての動物をまもる――動物個体保護法

②種としての動物をまもる――動物種保護法

2　人を動物からまもる――動物管理・危険防除法

3　人と動物が住む生態系をまもる――人＝動物共生法

Ⅱ　つかう法――動物利用法

この分類は、「動物自体の範疇分け」を基礎にした議論と視点がちがうので、そういった範疇分けを基礎にした諸立法を分類する際には、かならずしも適当ではないところもある。

しかし、その一方で、「人と動物の関係」に関心をもつ者にとっては、つぎの四点がもっとも関心をひく点であるにちがいない。

①人が動物をつかうことは、なぜ許されているのか。（動物利用のＷＨＹ）

②人が動物をつかうことが許されているとしたら、どうつかうことができるのか。（動物利用のＨＯＷ）

③人は動物をなぜまもらなければならないのか。（動物保護のＷＨＹ）

④人が動物をまもるとしたら、どうまもるべきなのか。（動物保護のＨＯＷ）

こういった問題関心からは、先に示した分類より、こちらの分類のほうが問題の核心に迫るものだといえる。

第3章――西欧法と日本法　動物法の対比

第1章では動物法の時間的成り立ちを、第2章では動物法の構造的成り立ちを、日本法と西欧法（とくにイギリス法）との対比を意識しつつ眺めた。

そこでは、西欧法を比較対象とした際の日本法の相対的な特徴として、

①動物法の歴史が浅いこと
②動物法は質量ともに充実していないこと
③動物法が近年になって急速な発展を始めたこと
④動物関連諸立法を「動物法」という問題関心のもとに体系的に把握しようという意識が弱いこと

以上の四点が確認できた。

これらは相互に関連しており、たとえば、②、④の問題点は①の結果であるということもできよう。しかし、③にみられるように、動物法が近年著しく発展し始めていることに鑑みると、わが国の動物法の数量が西欧諸国の水準に追いついてゆき、グローバル化の進展とともに、日本法と西欧法の規範内容の均質化がいやおうなく起きてくることも、おそらくまちがいないだろう。

そうなると、②の問題は早晩克服される方向に向かう可能性が高い。西欧的な手厚い動物関連立法（とくに動物保護立法）に日本法は今後どのくらいの速さで、どこまで近づいてゆくのか。ドイツ法にみられたような動物の民法上の位置づけや動物保護という価値の憲法上の位置づけについての地殻変動が、はたして日本でも起こるのか。興味は尽きない。

そのような立法の動向が進展すれば、これまで別個の分野の問題と考えられてきた動物に関する複数の立法を「動物法」というキーワードのもとに体系的に把握しようという理論的な気運も生じてくるにちがいない。日本法の現在の状況を比喩的に表現するならば、「動物法」という新しい法分野が、誕生に向けて急速に胎動を始め、理論的な試行錯誤つまり一種の「陣痛」「産みの苦しみ」が始まっている状態なのである。

人と動物の関係に力点を置いて動物法を体系化しようとする場合、さまざまな関係性の局面において、どのような具体的な法規範が現在形成されているだろうか。そしてそこにはどのような課題があるのだろうか。

第Ⅱ部では、こういった疑問を、「人が動物をまもる」「人を動物からまもる」「人と動物が住む生態系をもまもる」「人が動物をつかう」という四つの局面を取り上げて具体的に眺め、そこに現れてくるさまざまな法原理について考えることにする。

ところで、法は、条文上のたんなる文字として存在したとしても、そのルールが守られ、実際に裁判所で使われなければ、あまり意味はない。

事実（かくある）を記述する自然科学の「法則」も、当為の規範（かくあるべし）である「法」も、英語では、ともに同じlawという言葉で表現されるが、両者の間には大きなちがいがある。

自然科学的な意味での法則、たとえばニュートンの重力の法則（the law of gravitation）は、人間の意志や営為とは無関係にいつでも成り立ち、われわれの住む自然世界を支配している。そこには人間による法則の遵守とか、その法則をだれが担うかとかいった問題は、およそ生じる余地がない。

しかし、当為の規範はそうではない。自然科学の法則とちがって、法規範は守られないこともある。法条文に書かれた当為のルール、たとえば動物保護法（animal protection law）は、人間が守らないかぎり世界に通用しているということはできないし、その法の執行を担う人がいてはじめて、その規範はルールとして通用しうるものとなる。だからこそ、法の問題を考える際には、その担い手について考えることが、重要な課題になる。

そのような観点から、第Ⅲ部では、動物法の未来を展望するにあたり、動物法の担い手についても考える。とくに動物保護団体の果たす機能に焦点を合わせて比較検討を加える。

くわしい議論は第Ⅲ部の記述に譲るが、結論だけを先取りしていうと、西欧の大規模な動物保護団体が公共的な価値の担い手として社会から厚い信頼を受け、同時に法執行の主体もしくは補助者として一定の法的権限を与えられているのに対して、わが国の小さな動物保護団体たちはいまだ社会的な信頼を十分に受けているとはいえず、特別の法的権限もいまだもたない。ここに、

⑤動物保護団体の存在感が薄いこと

という、西欧法との対比でみた日本の動物法の第五の特徴が浮き彫りになる。

また、法の担い手の問題を考えてみると、「なにを」すべきか、「なにを」してはいけないか、という動物法の実体的なルールよりむしろ、そのような規範を「だれが」「どのように」担うか、という法執行の主体や手続の問題に関して、西欧法と日本法の間には深くて巨大な溝が存在することに気づかされる。

その溝は、ひとり動物法の問題だけに関わるものではなく、西欧社会と日本社会の大きな基本構造のちがいに根ざすものなのである。

第Ⅱ部　人と動物の関係からみた動物法

第4章——人が動物をまもる　動物愛護管理法

1　動物保護管理法の成立まで

この章では「人が動物をまもる」という側面に関わる法を扱う。

一口に人が動物をまもるといってもその方法にはいろいろある。動物への暴力や虐待を直接禁止するやり方もあれば、動物の取扱いに関わるしくみを整備するやり方もあれば、動物が住みやすい自然環境を守ることによって動物たちの生存と保護を図るというやり方もある。

自然環境の保全と人間社会の短期的な経済的繁栄は矛盾することが多い。しかし、経済的繁栄が動物や自然を保護しようという余裕ある精神態度を育み、そのために必要な国や民間の資金を確保することにつながる側面も否定できない。動物保護法・自然保護法の先進国の多くが、経済的に豊かな国々であることは、たんなる偶然ではない。

このように経済的基盤までを視野に入れると、いまや膨大な数の法律が、直接・間接に動物の保護に関連していることになるが、それらを全部扱うことはとてもできない。そこで、本章では「個体としての動物」を「直接保護する」法だけを扱うことにする。

さて、わが国において、個体としての動物保護を直接の目的としている法律としては、「動物の愛護及び管理に関する法律」（以下、動物愛護管理法）がある。本章の検討対象はこの法律である。もっとも、動物愛護管理法は相当内容豊富な法律で、それらの規定全部をくわしく解説することはできないので、本章では、動物愛護管理法の制定趣旨と動物虐待関連犯罪の罪質という問題に、主として光をあてることにする。

この問題は、「なぜ個体としての動物を保護するのか」という原理的な問いと密接にかかわるものだからである。

現行の動物愛護管理法の原型となったのは、一九七三年（昭和四八年）にできた「動物の保護及び管理に関する法律」（「動物保護管理法」と略称）である。動物保護管理法は、一九九九年、二〇〇五年、二〇一二年の三回にわたり改正されて、一回目の改正の際に法律の名称の一部が「保護」から「愛護」へと変わり、現行の動物愛護管理法となった。

まずは、明治時代から動物保護管理法が成立するまでの話をしよう。

わが法制度の設計に大きな影響をおよぼしたお雇い外国人に、ボワソナードというフランス人の法学者がいる。ボワソナードの母国フランスは、当時としては先進的な動物虐待禁止法（グラモン法）を、一九世紀なかばにすでにつくっていた。ボワソナードは、母国のグラモン法に学びつつ、動物虐待禁止法を日本にも移植しようとした。

ボワソナードの意図したとおりの条文ができたわけではないが、彼の情熱は一八八〇年（明治一三年）に制定された刑法（旧刑法）中の「牛馬殺害罪」および「家畜殺害罪」という犯罪類型にいちおう結実した。牛馬殺害罪は「人の牛馬を殺した」者を最高六月の重禁錮刑と最高二〇円の罰金に処すものであり、また、家畜殺害罪はそれ以外の家畜を殺した者を最高二〇円の罰金に処すものであり、ともに刑法典の編別上は「財産に関する罪」の一種に分類されていた。被害対象が「人の」牛馬または「家畜」と限定されていたことからも、牛馬家畜の経済的価値を滅失させる財産犯としての性格が法文上も明白な犯罪類型である。

わが国の近代法における動物保護規定の出発点となったこの規定が、少しずつ内容を変えて、後世に引き継がれてゆく。

明治四〇年に新しい刑法（現行刑法）ができた。そのなかにはもはや牛馬殺害罪と家畜殺害罪は存在しない。その代わり、新刑法とは別につくられた警察犯処罰令（明治四一年）で、「公衆の目に触れるべき場所に於て牛馬その他の動物を虐待した」者が科料（罰金刑より軽い財産刑）に処されることになった。

ここには三つ注目すべきことがある。第一は、保護対象が「牛馬その他の動物」となっていて、犯罪の保護客体とされた動物が「牛馬」に限定されず、しかも、「他人の」牛馬に限らなくなったこと。第二は、動物を「殺した」とせず、「虐待した」場合を処罰対象にしていること。第三は、虐待行為が「公衆の目に触れるべき場所」で行われること（公然性要件）が犯罪成立に必要とされていることである。

旧刑法の牛馬殺害罪・家畜殺害罪は、編別上は「財産に関する罪」とされていたわけだが、警察犯処罰令の時代になると、動物が他人の所有物であることが必要とされなくなり、かつ、公然性要件が付加されることになったので、同処罰令にいう動物虐待罪の性質を財産犯と位置づけるのは無理が生じる。むしろ、所有物としての動物（つまり財産権）の保護から、動物虐待行為による「社会風俗の壊乱」を防止することに、重点が移ったとみるべきだろう。

第二次世界大戦後は、昭和二三年にできた「軽犯罪法」（警察犯処罰令を発展的に解消したもの）に動物虐待罪という犯罪類型が入った。この犯罪の成立のためにはもはや公然性要件は必要とされていない。具体的にいうと、軽犯罪法は、「牛馬その他の動物を殴打し、酷使し、必要な飲食物を与えないなどの仕方で虐待した」者を拘留または科料に処すと規定した。拘留というのは、一日以上三〇日未満の間拘置される自由刑で、科料は財産刑の一種で罰金より金額が少ない（現在は一万円未満）ものをいう。

軽犯罪法の規定方式は、「虐待」の内容を「殴打・酷使・必要な飲食物を与えない」という例示を加えることにより具体的に表現しているので、犯罪成立に必要な行為とその限界が、以前より明確になっている。そして、それにともない、「牛馬その他の動物」という一見無限定な保護対象の範囲も、おのずからある程度は制約されることになる。「牛馬その他の動物」のうち、「殴打」したり「酷使」したり、「必要な飲食物を与えない」状態に置いたりできる動物が、保護対象の中心になるからである。

犯罪の成立要件は、刑罰という強力な制裁を発動させる必要条件となるものだから、なるべく明確に決められることが望ましい。「どんなことをやったら、どのくらいの刑罰を科されるか」は、国民に予測可能なものでなければならない。このように、犯罪を処罰するうえではあらかじめ明確な規定を設けておかなければならないというのが、近代刑法の基本原理であり、これを罪刑法定主義という。軽犯罪法（新法）の動物虐待罪規定は、警察犯処罰令（旧法）の規定より明確性が増しており、罪刑法定主義の観点からは、新法が相対的にすぐれた規定だということができる。

ところで、軽犯罪法の規定は、被害動物が他人の所有物であることを要求していないのみならず、公然性要件も要求していないので、動物虐待罪の罪質を理論的にどうとらえるべきかが問題になる。

他人の所有物であることは必要でないから、自分の所有する動物を虐待しても、軽犯罪法上の動物虐待罪は成立する。そして、虐待行為が公然と行われることも必要ではないから、まったく人目につく可能性のない場所で自分の所有する動物を虐待しても、犯罪が成立する。それが発覚して実際に起訴されるかどうかは、犯罪が成立するかどうかという理論問題とは別の問題である。

そうなると、この犯罪は典型的な財産犯ではないし、典型的な風俗犯ともいいにくい。典型的な風俗犯の例としては「公然わいせつ罪」を思い浮かべてもらうとわかりやすいだろう。たとえば、公道など不特定または多数の人の目に触れる場所で性器を露出すると、公然わいせつ罪という犯罪が成立する。しかし、カーテンを閉め切った自室に一人全裸で過ごしていたとしても、犯罪にはならない。典型的な風俗犯の成立要件として公然性が明示的に要求されているのは、およそ人目に触れる可能性のない場所で行われたことは「風俗」の保護の観点からは処罰する意味がない、という価値判断に支えられている。

動物虐待罪のこういった規定形式の変遷をふまえると、旧刑法以来ずっと存在し続けている動物虐待罪の罪質をどう理解するかは、案外むずかしい法理論問題を含んでいることがわかる。この問題については、あとでまた議論することにしよう。

さて、軽犯罪法上に動物虐待罪規定が置かれていたとはいえ、一九七三年に動物保護管理法が成立するまでは、わが国には動物保護に関するまとまった内容をもつ法律は存在しなかった。

動物保護管理法が制定された理由については、過度な単純化は避けなければならないが、少なくともその大きな理由のひとつが「外圧」であったことはまちがいない。

たとえば、林修三氏（元内閣法制局長）は、動物保護管理法が制定された当時その理由を、「先般、英国などで、わが国における犬、ねこなどの愛玩用動物虐待の風習を批判するキャンペーンが行なわれ、わが国があたかも文明国、文化国でないような批判まで受けるということが生じ」、動物の虐待防止、動物の保護に関する法制を急速に立法化する動きが国会内で高まったからだと明言している

（林修三、一九七四年）。

実際、昭和四八年八月二三日に衆議院本会議で三原朝雄議員が行った法案の趣旨説明にも、同様の趣旨が述べられている。一部だけ抜粋しよう。

動物は古くから人類の生存、福祉及び発展に貢献してきましたことは御承知のとおりであります。しかるに、わが国では、これら動物に対する取り扱いに適正を欠くため、動物による人身被害等、人が迷惑をこうむる事件も多く生じているのであります。

従来、これら動物に対する立法措置といたしましては、文化財保護法、軽犯罪法、鳥獣保護及狩猟ニ関スル法律、狂犬病予防法等があり、さらに地方公共団体が各地の実情に応じて制定した飼い犬等取締条例等があります。

これらの法令は、それぞれの制定目的等を異にしており、動物の保護及び管理について総合的、統一的な措置を講ずることは困難な実情であります。したがいまして、動物保護の見地から、また、動物による人の生命等の被害防止の見地から、動物の保護及び管理についての総合的な措置が必要と存ずるのであります。

欧米等諸外国におきましては、数十年前から動物の保護に関する法律の制定を見ているのであります。文化国家であるわが国といたしまして、また、わが国における動物の保護に対する国際的評価を改善する上からも、動物の保護のための法律の制定が急務であると考え、ここに本法律案を提出した次第であります。

最後の一節にとくに注目していただきたい。動物の保護に対する国際的評価を改善し、文化国家であることを世界に認めさせたいという、当時のわが国の願いが正直に述べられている。

このようにしてできた動物保護管理法は、全一三条からなる小さな法律であったが、つぎのような特徴をもっていた。

動物の保護に関する基本原則を明らかにして、動物の保護に関する国民の心がまえについての指標を与えると同時に、動物愛護週間を設けた。動物の所有者は、動物の保護および動物による人の生命等の被害防止に努めなければならないとするとともに、地方公共団体は、条例で動物の飼養および保管に関し必要な措置を講ずることができるとした。都道府県等は、犬または猫の引き取りを求められたときは、これを引き取らなければならないとし、国は、引き取りに関する費用の一部を補助することができるとした。内閣総理大臣は、動物の適正な飼養および保管等についての基準ならびに必要事項を定めることができるとした。総理府に動物保護審議会を置き、動物の保護および管理に関する重要事項を調査審議するとした。保護動物を虐待・遺棄した者を処罰する罰則規定を設けた。

最初の点と最後の点を、具体的にみてみよう。

まず、最初の点について。動物保護管理法は、同法の目的について、「この法律は、動物の虐待の防止、動物の適正な取扱いその他動物の保護に関する事項を定めて国民の間に動物を愛護する気風を招来し、生命尊重、友愛及び平和の情操の涵養に資するとともに、動物の管理に関する事項を定めて動物による人の生命、身体及び財産に対する侵害を防止することを目的とする」としていた。あわせて、「何人も、動物をみだりに殺し、傷つけ、又は苦しめることのないようにするのみでなく、その習性を考慮して適正に取り扱うようにしなければならない」とした。これらは、動物保護の意義についての基本的な考え方がはじめて法文上明記されたものとして重要である。

つぎに最後の点、つまり動物虐待・遺棄罪について。動物保護管理法の制定とともに前述の軽犯罪法の動物虐待罪規定は削除され、新たに動物保護管理法のなかに動物虐待罪・動物遺棄罪の規定が置かれた。同規定では「保護動物」という概念がはじめて導入された。保護動物というのは、「牛、馬、豚、めん羊、やぎ、犬、ねこ、いえうさぎ、鶏、いえばと及びあひる」のほか「人が占有している動物で哺乳類又は鳥類に属するもの」を指す。そして、そう定義された「保護動物」を「虐待し、又は遺棄した者」に対しては、「三万円以下の罰金又は科料」という刑罰を科すことができるとした。

ここにいたって、動物虐待罪の規定形式は、軽犯罪法の規定形式からまた変わった。最大の変更点は、軽犯罪法で「牛馬その他の動物」とゆるやかに定義されていた保護客体動物が、「保護動物」という総称のもとに厳密・詳細に定義されることになったことである。その一方、禁止される行為は、「虐待」「遺棄」とだけ規定された。「遺棄」という行為は比較的内容が明確であるが、「虐待」については、旧法である軽犯罪法が、「殴打し、酷使し、必要な飲食物を与えないなどの仕方で虐待した」と、犯罪行為の実質的内容の具体例を規定していたものが、たんに「虐待」とされてしまうことで、禁止される行為の内容は再度あいまいなものになってしまった。また、法定刑（最高三万円の罰金）は、軽犯罪法上の動物虐待罪の法定刑（科料・拘留）よりは重い刑罰であるが、上限の金額はかなり低いものにとどまった。

動物保護管理法は、その後、約四半世紀の間、わが国の動物保護のあり方を決める基本法となっていたが、一九九〇年代の後半に、にわかに改正の機運が高まった。そのきっかけになったのは、もはや外圧ではなかった。

西欧起源の動物保護や動物福祉の考え方が、わが国でもかなり広く支持を集めるようになってきたところに、同じころ日本中を震撼させた児童殺傷事件（いわゆる酒鬼薔薇事件）の犯人とされた少年が、残虐な犯行におよぶ以前に小動物を虐待していたことが報道され、それを契機に、動物や人間の命に対する感受性の鈍磨を防ぐ必要性が認識され、国会議員の間でも動物保護管理法の改正の気運が高まったのである。

かくして今度は日本社会の内在的要求にもとづく改正論議が起こり、動物保護管理法が全面改正された。その際、法律の名称中にあった「保護」という表現が「愛護」に変わり、「動物愛護管理法」（一九九九年）が成立した。

国会での趣旨説明（植竹繁雄議員）は、こう論じる（一部抜粋）。

御承知のように、我が国における動物の保護及び管理につきましては、昭和四十八年に動物の保護及び管理に関する法律が制定され、これに基づき所要の措置が講じられてきたところでありますが、法制定から三十年近くたった現在、動物、特に犬や猫などのペットを、単なる愛玩動物ではなく、家族の一員、人生のパートナーとして扱う人がふえてきております。その一方で、無責任な飼い主によるペットの遺棄、不適切な飼養、あるいは小動物に対する虐待等が後を絶たず、これが社会問題となるに至っております。

また、動物の保管、管理に適正を欠くため、動物による人への被害も、減少傾向にはあるものの、いまだに年間七千件ほど発生するに至っております。

このような現状にかんがみ、動物の保護及び管理に関する規定が、所有者または占有者の努力義務規定にとどまっている現行法では、動物の十分な保護及び管理ができなくなってきており、これを抜本的に改善する措置を講ずることが急務であると考え、ここに動物の保護及び管理に関する法律の一部を改正する法律案を提出した次第であります。

ここでは人間社会における「ペット」の意味が強調されると同時に、遺棄・不適切飼養・虐待が社会問題となっていることが指摘され、同時に、動物保護管理法が、努力義務規定中心で実効性に欠けるという基本認識が示されている。

一九九九年に成立した動物愛護管理法は、二〇〇五年、二〇一二年にそれぞれ改正され、現行法はかなり豊かな内容をもつにいたっている。その全体を詳細に語る余裕はないが、現行法が成立した折に、環境省が二〇一四年三月に発行（二〇一五年三月改訂）した『動物の愛護及び管理に関する法律のあらまし（平成二十四年改正版）』という冊子の構成と記述がわかりやすいので、同冊子に主として依拠しつつ、以下、現行法の概要を紹介することにする。

2 動物愛護管理法の概要

動物愛護管理法の目的は、「動物の虐待及び遺棄の防止、動物の適正な取扱いその他動物の健康及び安全の保持等の動物の愛護に関する事項を定めて国民の間に動物を愛護する気風を招来し、生命尊重、友愛及び平和の情操の涵養に資するとともに、動物の管理に関する事項を定めて動物による人の生命、身体及び財産に対する侵害並びに生活環境の保全上の支障を防止し、もって人と動物の共生する社会の実現を図ること」とされた。

動物愛護管理法の右の目的を受けた基本原則は二つある。①動物が命あるものであることにかんがみ、何人も、動物をみだりに殺し、傷つけ、または苦しめることのないようにするのみでなく、人と動物の共生に配慮しつつ、その習性を考慮して適正に取り扱うようにしなければならないこと、②何人も、動物を取り扱う場合には、その飼養または保管の目的の達成に支障をおよぼさない範囲で、適切な給餌および給水、必要な健康の管理ならびにその動物の種類、習性等を考慮した飼養または保管を行うための環境の確保を行わなければならないこと、である。
「命あるものである動物」の飼主には、右の基本原則からいくつかの責任が生じる。①動物の種類・習性に応じて適正に飼養・保管し、動物の健康・安全を保持するよう努めて、その動物をできるかぎり終生飼養すること、②動物が人の生命・身体・財産に害を加え、生活環境の保全上の支障を生じさせ、または人に迷惑をおよぼすことのないように努めること、③動物の感染症についての正しい知識をもちその予防に努めること、④動物がみだりに繁殖して適正な飼養が困難にならないよう、繁殖についての適正な措置（不妊去勢手術など）を講じるよう努めること、⑤動物が逃げ出さない措置を講じるよう努めること、⑥動物の所有者を特定できるような措置（マイクロチップ埋込みや迷子札の装着など）を講じること、などである。

人の管理下にある動物（哺乳類、爬虫類、鳥類）の適正な取扱いのために、動物愛護管理法の下で、つぎのようなガイドラインが制定されている。「家庭動物等の飼養及び保管に関する基準」「展示動物の飼養及び保管に関する基準」「実験動物の飼養及び保管並びに苦痛の軽減に関する基準」「産業動物の飼養及び保管に関する基準」「動物が自己の所有に係るものであることを明らかにするための措置」「動物の殺処分方法に関する指針」。「家庭動物」は家庭や学校で飼われている動物、「展示動物」は動物園やペットショップや動物との触れ合い施設などで飼われている動物、「実験動物」は科学的目的のために研究施設等で飼われている動物、「産業動物」は牛・豚・鶏など、産業利用のために飼われている動物を指す。

飼主は動物飼育によって周辺の生活環境を悪化させ、多頭飼育によって動物を虐待してはならない。都道府県知事は、多頭飼育に起因した騒音・悪臭の発生、動物の毛の飛散、多数の昆虫の発生などによって周辺の生活環境が損なわれている場合は、その原因となった者に対して、その事態を除去するための必要な措置をとることを勧告できる。その勧告に従わない場合には、必要な措置をとることを命令できる。多頭飼育により動物の虐待のおそれが生じている場合も、事態改善のための勧告・命令ができる。

動物取扱業にも多くの規制が定められている。動物取扱業は、第一種と第二種に分けられる。第一種動物取扱業は、ペットショップなど営利性のある業であり、第二種動物取扱業は営利性のない動物保護団体などが一定頭数以上の動物を取り扱う場合がこれに該当する。また、注意すべきことは、動物取扱業にいう「動物」は、哺乳類・鳥類・爬虫類にかぎり畜産動物と実験動物を除くとされているので、昆虫販売業者や畜産業や実験動物販売業などはこの動物取扱業としての規制対象ではない。

規制が厳しいのは第一種動物取扱業である。典型的には犬猫を販売するペットショップがこれにあたるが、販売のみならず、保管（ペットホテル等）、貸出し（動物タレント、モデル等）、訓練（動物調教等）、展示（動物園、水族館等）、競りあっせん業（動物オークション市場等）、譲受飼養業（老犬・老猫ホーム等）の広い業態がこれにあたる。これらの業種はその開始にあたり、動物を適正に取り扱うための基準を満たしたうえで、事業所のある都道府県知事の登録を受けなければならない。

第一種動物取扱業者には、飼養施設の構造や規模、飼養施設の維持管理、動物の管理方法、その他で細かい基準（「第一種動物取扱業者が遵守すべき動物の管理の方法等の細目」）の遵守が求められるほか、感染症などの予防、廃業などで動物取扱いが困難になった場合の譲渡先の検討、販売に際しての現物確認と対面説明が義務づけられる。現物確認・対面説明が義務づけられるのでインターネット上だけでの動物の取引はできない。

第一種動物取扱業者のうち、犬猫の販売をする者（犬猫等販売業者）にはさらに特別の規制があり、犬猫等健康安全計画の提出、飼養する犬猫の記録帳簿の作成とその飼養状況の報告、獣医師との連携の確保、販売困難となった犬猫の終生飼養の確保を図ることが義務づけられる。

幼齢動物（とくに犬猫）を早い段階で、十分な社会化を経ないまま、親やきょうだいから引き離すと、成長後に問題行動を起こして飼育しにくくなることがあり、自治体への引取り要請や遺棄の原因にもなりかねない。そのため動物愛護管理法は生後五六日を経過しない犬猫を販売のために引渡し・展示することを禁止している。もっとも、二〇一六年（平成二八年）八月三一日まではこの日数が四五日と読み替えられ、それ以降は法律で定める日までは四九日とする経過措置が講じられている。

犬猫の展示時間にも規制があり、動物販売・貸出・展示業者による展示は午前八時から午後八時（ただし、猫カフェは午後一〇時まで）に限定される。

第一種動物取扱業者に対しては、都道府県の動物愛護担当職員による立ち入り検査を行うことができ、基準が守られていない場合は、勧告や命令を行うことができる。悪質な業者には、登録取消し、業務停止命令も可能である。なお、各種違反行為は犯罪となり、たとえば無登録営業や命令違反には一〇〇万円以下、虚偽報告に対しては三〇万円以下、犬猫等販売業者の報告義務違反に対しては二〇万円以下の罰金がそれぞれ定められている。

第二種動物取扱業は、実質的な許可をともなう登録制をとる第一種よりもゆるやかな規制となっており、非営利の動物保護シェルターなどで一定の頭数の動物を取り扱う場合は、都道府県知事への届出が必要である。もっとも、第二種動物取扱業者が守るべき基準（「第二種動物取扱業者が遵守すべき動物の管理の方法等の細目」）が定められており、不適正な場合には、都道府県知事の命令・勧告の対象になり、無届出で業を行うと三〇万円以下の罰金に処される。

国が定める危険な動物（特定動物）を飼育する際には、都道府県知事の許可が必要である。二〇一六年（平成二八年）三月現在の特定動物のリストは表4・1のとおりである。

特定動物を飼養する者は、基準（「特定動物の飼養又は保管の方法の細目」「特定飼養施設の構造及び規模に関する基準の細目」）に従って、特定動物にマイクロチップなどの個体識別措置を講じ、逸走防止できる飼養保管施設をもち、それを適正に点検・管理しなければならない。基準を守らない場合は、飼養許可が取り消されることがあるほか、特定動物の無許可飼養には、個人の場合は六カ月以下の懲役又は一〇〇万円以下の罰金、法人の場合は五〇〇〇万円以下の罰金が科される。

都道府県は犬猫の所有者等から引取りを求められた場合、引取りを行う。しかし、動物取扱業者からの引取り要請や、犬猫の飼主から繰り返しの引取り要請、繁殖制限の助言に従わない過繁殖、犬猫の病気・高齢を理由とする場合など、終生飼養原則に反する場合は、引取りを拒否できる。また道路

表 4.1　特定動物のリスト（出典：環境省パンフレット「動物の愛護及び管理に関する法律のあらまし（平成 24 年改正版）」）

綱	目・科	種
哺乳綱	霊長目	
	アテリダエ科	ホエザル属全種　クモザル属全種　ウーリークモザル属全種　ウーリーモンキー属全種　ヘンディーウーリーモンキー
	おながざる科	マンガベイ属全種　オナガザル属全種　クロロケブス属全種　コロブス属全種　パタスモンキー　ロフォケブス属全種　マカク属全種　マンドリル属全種　テングザルヒヒ属全種　アカコロブス属全種　リーフモンキー属全種　オリーブコロブス　ドゥクモンキー属全種　リノピテクス属全種　センノピテクス属全種　メンタウェーコバナテングザル　ゲラダヒヒ　トラキュピテクス属全種
	てながざる科	てながざる科全種
	ひと科	ゴリラ属全種　チンパンジー属全種　オランウータン属全種
	食肉目	
	いぬ科	ヨコスジジャッカル　キンイロジャッカル　コヨーテ　オオカミのうちディンゴ及びカニス・ルプス・ファミリアリス（犬）以外のもの　セグロジャッカル　アビシニアジャッカル　タテガミオオカミ　ドール　リカオン
	くま科	くま科全種
	ハイエナ科	ハイエナ科全種
	ねこ科	チーター　カラカル　アジアゴールデンキャット　ジャングルキャット　オセロット　サーバル　オオヤマネコ属全種　ウンピョウ　ヒョウ属全種　スナドリネコ　アフリカゴールデンキャット　ピューマ属全種　ユキヒョウ
	長鼻目	
	ぞう科	ぞう科全種
	奇蹄《てい》目	
	さい科	さい科全種
	偶蹄目	
	かば科	かば科全種

	きりん科	キリン
	うし科	バイソン属全種　アフリカスイギュウ
鳥綱	ひくいどり目	
	ひくいどり科	ひくいどり科全種
	たか目	
	コンドル科	カリフォルニアコンドル　トキイロコンドル　コンドル
	たか科	クロハゲワシ　オナガイヌワシ　イヌワシ　ボネリークマタカ　ソウゲンワシ　モモジロクマタカ　コシジロイヌワシ　ヒゲワシ　コシジロハゲワシ　マダラハゲワシ　オジロワシ　ハクトウワシ　オオワシ　サンショクウミワシ　オウギワシ　パプアオウギワシ　ヒメオウギワシ　クマタカ　フィリピンワシ　ゴマバラワシ　カンムリクマタカ　ミミヒダハゲワシ
爬虫綱	かめ目	
	かみつきがめ科	かみつきがめ科全種
	とかげ目	
	どくとかげ科	どくとかげ科全種
	おおとかげ科	コモドオオトカゲ　ハナブトオオトカゲ
	にしきへび科	アメジストニシキヘビ　オーストラリアヤブニシキヘビ　インドニシキヘビ　アミメニシキヘビ　アフリカニシキヘビ
	ボア科	ボアコンストリクター　オオアナコンダ
	なみへび科	ブームスラング属全種　ヤマカガシ属全種　タキュメニス属全種　アフリカツルヘビ属全種
	コブラ科	コブラ科全種
	くさりへび科	くさりへび科全種
	わに目	
	アリゲーター科	アリゲーター科全種
	クロコダイル科	クロコダイル科全種
	ガビアル科	ガビアル科全種

などで負傷動物（や動物の死体）を発見した人は、通報に努めることとされ、都道府県が当該動物・死体を収容する。引き取った動物は、もとの飼主に返還したり、新しい飼主に譲渡したりするよう努めるものとされる。

国や都道府県は、学校・地域・家庭への教育・広報活動を通じて、動物愛護と適正飼養の普及啓発を行うほか、動物愛護週間（九月二〇日から二六日）を設けるほか、「動物の愛護及び管理に関する施策を総合的に推進するための基本的な指針」（国）や「動物愛護推進計画」（都道府県）を制定する。また、都道府県知事等は、動物愛護・適正飼養を推進するため、動物愛護推進員を委嘱し、その活動を支援するために動物保護団体等と協議会を組織することができる。

なお、動物愛護管理法には、動物虐待関連犯罪と動物実験・実験動物についての規定も含まれているが、これらは、法解釈論的にも立法論的にも関心の高い難問なので、つぎの「3　残された課題」で、くわしく述べる。

3　残された課題

動物愛護管理法には愛護動物の虐待に関連する犯罪類型が三つ規定されている。愛護動物殺傷罪、愛護動物虐待罪、愛護動物遺棄罪である。これらに共通する「愛護動物」とは、「牛、馬、豚、めん羊、山羊、犬、猫、いえうさぎ、鶏、いえばと及びあひる」と、それ以外で「人が占有している動物で哺乳類、鳥類、又は爬虫類に属するもの」を指す。

愛護動物殺傷罪は、「愛護動物をみだりに殺し、又は傷つけた」者に、二年以下の懲役または二〇〇万円以下の罰金を科すと定める。

愛護動物虐待罪は、「愛護動物に対し、みだりに、給餌若しくは給水をやめ、酷使し、又はその健康及び安全を保持することが困難な場所に拘束することにより衰弱させること、自己の飼養し、又は保管する愛護動物であって疾病にかかり、又は負傷したものの適切な保護を行わないこと、排せつ物の堆積した施設又は他の愛護動物の死体が放置された施設であって自己の管理するものにおいて飼養し、又は保管することその他の虐待を行った者」に、一〇〇万円以下の罰金を科すと定める。この犯罪類型は、一読しただけではわかりにくいが、餌や水をやらないで愛護動物を衰弱させる行為や、それに類するネグレクト行為を「虐待」とよんでいる。虐待という言葉の日常的な語感（広義の虐待）では、積極的な加害行為が典型例として思い浮かべられるが、それらは殺傷罪として別途定められていて、動物愛護管理法上の「虐待」（狭義の虐待）は右のようなネグレクト行為を指す。

最後に、動物遺棄罪は、「愛護動物を遺棄した者」に、一〇〇万円以下の罰金を科すと定める。

これらの三類型の犯罪の罪質をどう理解したらよいか、という理論的な問題がある。法律学では、ある犯罪類型を置くことによって法的に保護されている利益を「保護法益」とよんでいるが、愛護動物の虐待関連犯罪の保護法益はどう理解したらよいだろうか。

動物虐待関連犯罪については、被害動物が他人の所有物であることは犯罪の成立要件としては必要とされず、自己所有の動物や無主動物についての犯罪も成立するから、いわゆる「財産犯」でないことは明白である。実際、動物の財産としての価値を保護している犯罪類型としては、刑法上の器物損壊罪が別途存在し、同罪によってそれが守られている。その一方で、殺傷行為や虐待行為にもはや公然性が要求されなくなっているので、犯罪が成立するためには、不特定または多数の人が虐待行為等を目にする可能性がある場所で行われる必要はない。そう考えると、動物虐待関連犯罪は典型的な風俗犯だとも一見したところは、いいにくい。遺棄罪についても事情は同じである。

かりに、動物虐待関連犯罪が、人間の財産権や人間社会のよき風俗を保護しているのではないなら、「動物そのもの」(動物の生命・身体の安全)を保護していると考えるのが、いちばん素直な理解だと読者には思えるかもしれない。

しかし、話はそう簡単ではない。なぜならば、人間社会の決まりである法律に定められた犯罪の保護法益は、当該犯罪が「どのような人間社会の利益を保護しているのか」という観点から、あくまでも「人間と関係づけて」定められるべきものだからである。

たとえば窃盗罪について「盗まれた財物」そのものが保護法益だとしたり、通貨偽造罪について「偽造された貨幣」が保護法益だとしたりすることはできない。それが奇妙であることは、直観的に理解可能であろう。窃盗罪は他人の財物を窃取することにより成立する犯罪であるが、その保護法益は具体的な財物の後ろにある「(人間の)所有権や占有」である。また、通貨を偽造したり変造したりすることにより成立する通貨偽造罪については、その保護法益は具体的な通貨の後ろにある「（人間社会における）通貨制度への公共の信用」だというべきだからである。

これと同じことで、動物虐待関連犯罪は、動物を行為の直接の客体として、動物への殺傷行為や虐待行為や遺棄行為を処罰するものではあるが、その保護法益は動物そのものではない。誤解を招くといけないので付言すると、「動物自体は保護法益ではない」というのは、「命のある動物、苦痛を感じる動物を大事にしなくてよい」ということではない。動物を大事にすべきことは当然のことである。動物愛護管理法はそれを明確に命じている。ただ、「みだりに動物を殺傷・虐待・遺棄してはいけないと刑罰をもって定める法律は、それによってなにを保護しようとしているのか」という問題については、人間的・社会的な価値との関係で考える必要がある、ということなのである。

法律学は真空のなかに議論を組み立てる学問ではない。現実に存在する法体系の枠内で、実際の法文の制約の下に規範論理を秩序づけようとするものである。そうなると、この問題についても、まず参照されるべきは、動物虐待関連犯罪を含んでいる動物愛護管理法そのものの理念である。動物愛護管理法の現行の目的規定を確認すると、そこにはこう書かれている。

「この法律は、動物の虐待及び遺棄の防止、動物の適正な取扱いその他動物の健康及び安全の保持等の動物の愛護に関する事項を定めて国民の間に動物を愛護する気風を招来し、生命尊重、友愛及び平和の情操の涵養に資するとともに、動物の管理に関する事項を定めて動物による人の生命、身体及び財産に対する侵害並びに生活環境の保全上の支障を防止し、もって人と動物の共生する社会の実現を図ることを目的とする」「動物が命あるものであることにかんがみ、何人も、動物をみだりに殺し、傷つけ、又は苦しめることのないようにするのみでなく、人と動物の共生に配慮しつつ、その習性を考慮して適正に取り扱うようにしなければならない」。これらの条文は、「保護」が「愛護」に変わり「動物が命あるものであることにかんがみ」という文言が追加された点を除けば、先にみた一九七三年の動物保護管理法時代から根本的変化はない。

動物虐待関連犯罪の保護法益を考えるにあたっても、これらの条文がまっさきに参照されるべきである。法律自身が表明する立法目的は、動物虐待を防止し動物を適正に取り扱うことにより「国民の間に動物を愛護する気風を招来し、生命尊重、友愛及び平和の情操の涵養に資する」ことである。

動物虐待関連犯罪の保護法益は、なによりもこの法文を頼りに考えるのが法解釈論としては素直であろう。さらに細かく分析すると、この部分は「動物を愛護する気風を招来」することにより（ひいては）「生命尊重、友愛及び平和の情操の涵養に資する」と読むことができる。いわば、目的が抽象度に応じて二段階に書かれているので、動物虐待関連犯罪の直接の保護法益は、具体性の高い前者に関係する価値、つまり「動物を愛護する気風という良俗」（動物愛護の良俗）（三上正隆、二〇〇八年、二〇一五年）に求めるのが妥当だろう。

このように法益（罪質）を確定しておくことの実益のひとつは、それによって犯罪規定に統一的な解釈指針が与えられることである。

たとえば、愛護動物虐待罪を構成する行為は、みだりに給餌・給水をやめて愛護動物を衰弱させることをはじめ、具体的な行為が複数列挙されている。しかし、それらで列挙が尽きているわけではなく、なお「その他の虐待」が論理的に存在しうる（この点につき旧法の解説ではあるが三上正隆、二〇〇六年）。

その場合、具体的には明記されていない行為が、虐待になるか否かの判断基準は、どうなるだろうか。その基準は、給餌給水をやめるなどの法文に明記されている具体的な行為と同視しうる行為であるかどうか、ということになろう。では、同視しうるかどうかを判断する基準はなにかとさらに考えると、「(愛護)動物を愛護する気風という良俗」を同程度に侵害する行為と評価できるかという観点から決めることになろう。

「虐待」かどうかの判断にあたっては、ある程度は客観的に推測できるはずの動物自身の感じる苦痛の存在を前提にしつつも、そういった客観的な結果の側面だけでなく、どのような目的で、どのような状況のなか、どのような手段で行われた行為なのかという、人間側の行為態様も考慮されるべきである。わが国の動物虐待関連犯罪の規定では、犯罪成立のためには公然性は必要とされない。しかし、「動物愛護の気風という良俗」との関係でいえば、動物への苦痛が同程度の虐待行為であれば、公然と行われた場合は、非公然の場合より、いっそう法益侵害が直接的なので、より強い非難に値すると考えてよかろう。それは、検察官が起訴・不起訴を判断する場面や、裁判官が刑罰の重さを決定する場面で考慮される要素のひとつになりうると同時に、いま述べたような「犯罪が成立するかどうか」という判断のレベルでも、間接的ながら一定の意味をもちうる。

公然性は、犯罪成立要件として要求されているものではないから、それが直接かつ決定的な要件として考慮されることはない。しかし、動物殺傷罪・動物虐待罪については「みだりに」殺傷したり虐待したりすることが要求されている。「みだりに」をいいかえると、「正当な理由なく」もしくは「不必要に」ということになるだろう。具体的な行為が、この犯罪成立要件にあてはまるかどうかを判断する際には、動物に苦痛を与えることの必要性が、用いられた手段のみならず行為者の目的・動機、さらには行為が行われた場所（つまり公然か否か）も含めて、総合的に判断されることになるだろう。

法理論的な問題は、ほかにもある。たとえば、典型的な風俗犯には公然性が要求されるのが普通であるが、それが要求されない動物虐待関連犯罪の保護法益を、風俗犯と同じく「人間社会の良俗」だとすることは、はたして矛盾なく説明できるかという問題がある。

それについては、動物虐待行為は、たとえ非公然に行われたとしても人間社会の良俗の保護の見地から刑罰をもって禁止すべきだと、現在の日本社会が承認していると考えることができるのではないか。つまり、動物虐待関連犯罪のもつ良俗侵害という本質は、公然性を要求していた時代と変わったわけではない。しかし、その反社会性についての国民意識が鋭敏になり、たとえ非公然であろうと動物虐待は人間社会の品性の維持という観点からもはや許されないという価値観が国民に内面化され共有されるにいたった結果、動物虐待関連犯罪について公然性要件が不要となったと考えることで、公然性が要求されていない犯罪を風俗犯と構成することはできない、という批判に答えることができるだろう。

つぎに、立法上残された課題を考えてみよう。その一例には、実験動物の福祉の問題がある。

動物愛護管理法の二〇〇五年改正で、実験動物についてのいわゆる「三Rの原則」が法文上にはじめて明記された。「三Rの原則」というのは、先にも述べたとおり、動物実験の代替手法を開発すべきで、代替可能な方法がある場合は動物実験は行うべきでないこと（replacement）、実験に使用する動物数を削減すべきこと（reduction）、実験動物の苦痛を軽減すべきこと（refinement）を指す。

具体的な条文はこうなっている。「動物を教育、試験研究又は生物学的製剤の製造の用その他の科学上の利用に供する場合には、科学上の利用の目的を達することができる範囲において、できる限り動物を供する方法に代わり得るものを利用すること、できる限りその利用に供される動物の数を少なくする等により動物を適切に利用することに配慮するものとする」「動物を科学上の利用に供する場合には、その利用に必要な限度において、できる限りその動物に苦痛を与えない方法によってしなければならない」。

二〇〇五年改正の以前も、動物愛護管理法に動物の苦痛の軽減についての明文規定は存在した。そして苦痛の軽減については、そのための基準を環境大臣が定めることができる。しかし、代替法の利用と使用動物数の削減については明記されていなかった。二〇〇五年改正によって、これらが「配慮するものとする」という遠慮がちな表現であれ法文上に明記されたことは、実験動物の福祉に関する倫理について、法律レベルで従来より一歩進んだルールを示したことになる。

動物愛護管理法上の動物愛護・動物の適正な取扱いという基本原則は、動物一般について限定なしに宣言されているものであり、動物虐待関連犯罪の客体となる「愛護動物」の定義も当該動物がどのような目的で飼養されているかという観点とは無関係に決められている。つまり、実験動物も、一定のレベルでは従来から動物保護管理法・動物愛護管理法の保護対象になっていた。

しかし、わが国以上に充実した動物保護法をもつ欧米諸国の例では、動物実験については、動物保護法（動物虐待防止法）の枠内で、動物実験施設や動物実験者の資格や実験遂行方法について詳細な規定をつくり、かなり厳しい法的統制を加えているのが通例である（たとえばＥＵ諸国）。それに比べるとわが国の動物愛護管理法は、動物実験の問題に正面から踏み込むことを躊躇もしくは回避しており、それをめぐって従来から論争が起きている。

たとえば、動物取扱業の登録制を定めた規定にいう「動物」は、「哺乳類、鳥類又は爬虫類に属するもの」に限るが、そこからは、「畜産農業に係るもの及び試験研究用又は生物学的製剤の製造の用その他政令で定める用途に供するために飼養し、又は保管しているものを除く」とされており、畜産動物と実験動物の取扱業については、ペット業者とはちがう扱いがなされている。

動物の福祉という原理を、なるべく一元的・普遍的に貫徹しようとする立場からは、このように実験動物（や畜産動物）を区別して取り扱うことが合理的であるかどうかにつき疑問が生じる。その一方で、動物実験という科学研究のもつ特殊な専門性を重視すると、動物愛護管理法上の取扱いが一律でなくてもよい、という考えもみちびかれる。

この問題には、実験動物の福祉をどのレベルに設定するかという問題と、その福祉レベルを動物愛護管理法によって実現するのか、それともほかの法律やしくみを通じて実現するのかという問題、さらには、動物実験の科学的正当性をどう評価するかという問題などが複雑に絡み合っている。

問題の複雑性は、動物実験にあたっての配慮事項として動物愛護管理法上明記された「三Rの原則」について考えてみてもわかる。代替法利用・使用数削減・苦痛軽減という理念は、ひとつずつ抽象的に考えると疑問は生じないが、これらを具体的な場面に即して考えると、その適用（法的には配慮義務が規定されているので「配慮の仕方」）は、あまり明確ではない。

たとえば「使用数削減」という要請を例にとってみよう。かりに、科学的には有用であることに異論のない動物実験が行われる場合、使用数の削減という倫理原則には、「個別の実験にあたり当該実験にとって必要最低限の動物数で行う」という要請を中心に含んでいることはまちがいない。では、この原則は、「個々の実験のレベルを超えて同種の実験全体で使われる動物の総数を削減せよ」という要請まで含んでいるだろうか。あるいは、もっと一般化して、「全動物実験に使われる動物の総数を削減せよ」という大きな要請まで含んでいるだろうか。

現在のわれわれが生きている社会は、人間世界の有用性のために動物を犠牲にすることを一定の範囲で認めている。動物実験はその一場面である。動物実験の有用性そのものは科学的にまず決着すべきことである。そして、現在の人間社会は、動物実験の有用性を前提に動いている。少なくとも法律論のレベルでは、そう考えざるをえない。

この現実的前提から出発するかぎり、個々の実験において不必要に多数の動物使用をしないよう配慮義務を課すことはよいとしても、個々の実験を超えた動物実験一般における動物使用総数まで、なにがなんでも削減すべきだというのは、いまのところ無理がある。

たとえば、未知の疾病への対策を研究する社会的要請が、急に高まったとする。ＡＩＤＳ問題、ＳＡＲＳ問題、ＢＳＥ問題の発生は記憶に新しく、そういったことはよくあることである。疾病のメカニズムを解明し、治療・予防の手段を開発するために、当該領域の研究に、巨額の国費が投入されることもあるだろう。そのこと自体は納得のいくことであり、未知の病気の予防・治療法を確立するために当該領域の研究がさかんになり、その結果、その分野における動物実験数（使用される実験動物数）が増えるのも、やむをえない場面があろう。人間社会の側に重大な疾病の治療・予防といった切実な事情が存在する場合には、有用な実験に使用される動物数が総体として増えても、動物愛護管理法違反の問題は直接には生じないと解釈すべきであろう。

さて、問題はこれでほんとうに解決したのだろうか。じつは、そう単純ではない。右の議論は「研究の有用性」と「三Ｒの原則」が相互に独立した問題だという前提で議論している。しかし、有用性の判断を使用動物数とまったく無関係になしうるとは限らない場面もある。

たとえば、「膨大な数の動物を使用する（動物に非常に強い苦痛を与える）ことが不可避だが、それによって得られる知見が人間社会にもたらす利益はさほど大きくない実験」を想定することは、論理的に可能であろう。そのような動物実験は、そもそも「有用な」実験とはいわないだろう。つまり、有用性の判断のなかには、使用動物数や動物の苦痛の程度の問題が、実質的な考慮要素として忍び込んでいることがある。そうなると、使用数削減という倫理要請の作用場面を、「有用な実験の遂行場面に限る」と最初からいいきって、二つを別の次元の問題として議論することが妥当かどうかあやしくなってくる。

さらに、科学的な研究は「手探りで」行うしかない場合もある、ということも想起しなければならない。つまり、動物実験が有益かどうか、有益だとしたらどの程度有益であるかは、事前に断言することができないこともある。なかには、たんに動物の命を奪い動物に苦痛を与えただけで有益な結果が得られない実験例もあるにちがいない。また、短期的には得るものがなかったと判断された実験に、のちになって有益な結果が含まれていたことが判明するという可能性もある。しかし、いずれにせよ、そのことはあとから「結果的に」いえることであって、実験を行う段階では、その実験がむだになるかどうかは、実験者自身完全な予測が立たないケースもあろう。

そういったことを考慮すると、ある程度の「見込み」があれば、実験の有益性をかなり広く認めざるをえない。

もちろん、使われる実験動物の数が膨大である割には得られるべき結果が小さいといった不均衡が「事前に明らか」である場合は、そのような実験は最初から許されるべきではない。その限りにおいて、「使用数削減」の倫理要請は動物実験一般とも関係をもつ。

現行法のもとでは、「実験動物の福祉向上」の問題と「動物実験の適正化」の問題を切り離し、動

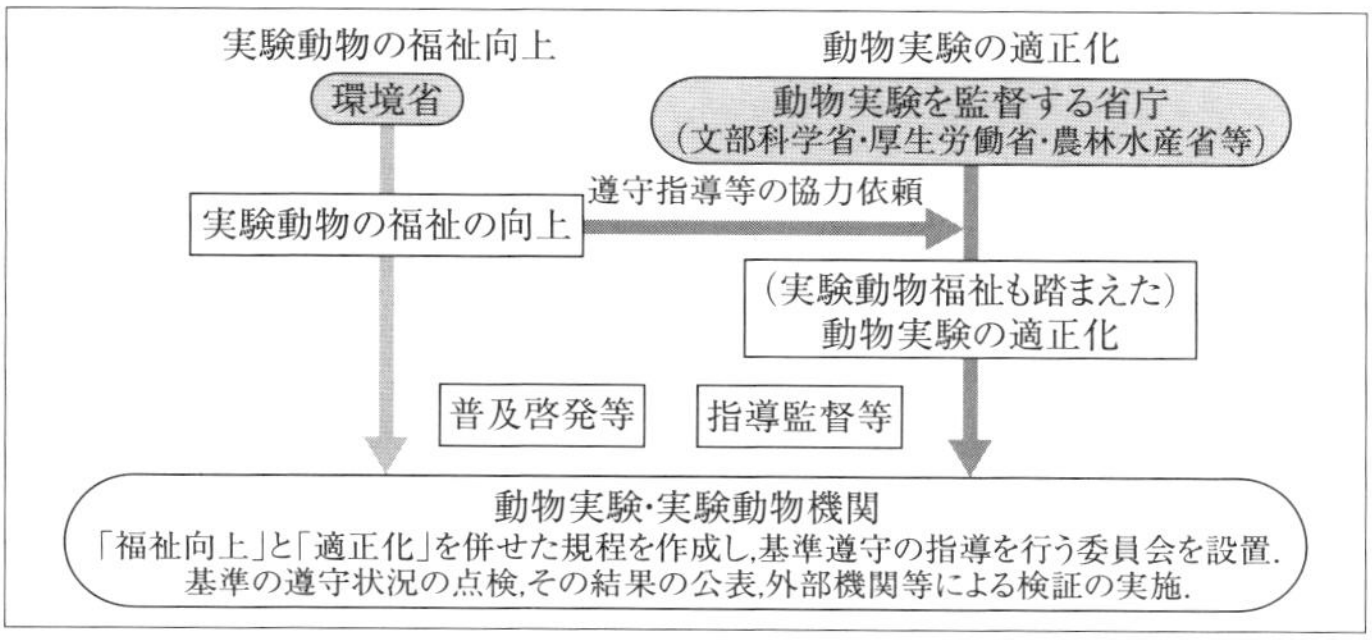

図 4.1　動物実験・実験動物行政のしくみ（出典：環境省パンフレット「実験動物の適正な飼養保管等を推進するために」）

物愛護管理法とその所轄官庁（環境省）の守備範囲を前者だけに限定するという考え方がとられている（図4・1）。

　このような概念的整理は、動物愛護管理法の枠外で動物実験のあり方を別途統制しようとする際には有効な区別である。

　しかし、いま述べたとおり、両者を截然と分けることができるかどうかについて、なお疑問がありうるし、諸外国の例にみられるように、動物実験の適正化の問題（実験施設や実験者の統制を含む）を動物保護法の枠内で規定することも十分に可能なので、それを動物愛護管理法に盛り込むべきかどうかについて、今後も立法論争が続いていくであろうし、続けてゆくべきであろう。

　なお、実験動物の福祉の問題と動物実験の適正の問題を区別しつつ、動物愛護管理法の直接の守備範囲を前者に限定するという現在の日本法のやり方が適切かどうかをモニターするためには、動物実験者の自律的なルールづくりとルール遵守の様子が、ある程度は検証できなければならない。研究者たちが「先陣争い」に激しくしのぎを削っている分野や、実用化にともなう巨額な利益が関わる可能性がある分野では、研究のプライオリティを確保するために研究上の秘密に十分配慮しなければならないが、動物福祉の確保という観点からそのような利益を侵害しない範囲で、動物実験について一定の情報開示が行われることが必要になるだろう。それとの関係で、図4・1の「外部機関等による検証」のあり方が議論の対象となるであろう。

なお、代替、数の削減、苦痛軽減という「三Rの原則」が動物愛護管理法に規定されて以来、わが国の科学者コミュニティのなかでは、国家法による動物実験の統制よりも、むしろ科学者（動物実験の専門家）による自主管理を基本とし、その適正を担保するための第三者評価も行う体制をつくるのが望ましいという主張がある（浦野徹、二〇一一年）。実験者自らが動物福祉に関する「三Rの倫理」を内面化し、つねに心理的に意識することはよいことであり、そのための自主管理体制の構築の努力も評価すべきである。しかし、その一方で、たとえばイギリスのように、実験者・実験施設・実験計画のすべてにつき、国の行政的関与のもとでライセンスを与えたり認証を与えたりする法システムとの優劣の比較は、時間をかけて事実を調べたうえでじっくり検証されるべき問題である。なぜならば、国家法による一元的管理・統制は、民主的基礎、運用の統一性の確保、強制力の強さ、予算措置の確実性といった点で利点も多いと一般論としては考えられるので、科学者による自主管理体制がそれよりすぐれていると即断するのは、ためらわれるからである（青木人志、二〇一六年ａ）。

第5章——人を動物からまもる

家畜伝染病予防法・牛海綿状脳症対策特別措置法・狂犬病予防法

1　二つの脅威——鳥インフルエンザとBSE

人間は動物を守る必要があると同時に、動物から身を守る必要もある。動物のもつ危険性にも、いろいろな種類がある。まず、特定の動物個体（たとえば猛獣や毒をもつ動物）からの直接的な攻撃による危害を防止する必要がある。この観点から、飼主責任の徹底、動物個体の管理体制の構築、危険動物の飼育許可制の導入といった対策が求められる。また、そのような個体による攻撃とは別に、「動物を媒介とした感染病」の拡大により、人間自身の健康や経済活動が急激にもしくは緩慢に大きな打撃を受ける場合もある。

現代日本において、後者の危険性がクローズアップされるきっかけになったのは、高病原性鳥インフルエンザと牛海綿状脳症（以下、ＢＳＥ）の相次ぐ発生という、二つの大事件であった。この章では、これら二つの病気に対する、わが国の法的対策の現状を紹介する。

高病原性鳥インフルエンザは、伝染力が強く致死力も強いため、人畜におよぼす影響は甚大で、国際的にももっとも警戒すべき家畜伝染病のひとつである。一九九七年に香港において鳥インフルエンザウイルス（Ｈ５Ｎ１亜型）の感染被害により死亡者が複数出たことが確認され、公衆衛生の観点からも重要な疾病として注目されるようになった。そして、二〇〇三年から二〇〇四年にかけてアジア各地で鳥インフルエンザが流行し、短時間で膨大な数の鳥が死亡するにいたった。それにともない、もし、このウイルスが人に感染し、強毒性新型インフルエンザとなって、人から人に感染するようになったらどうなるか、というおそろしいシナリオが意識されることになった。

専門家の認識はきわめて深刻で、二〇〇四年三月に開かれたＷＨＯ（世界保健機関）の新型インフルエンザ対策会議では、将来における新型インフルエンザの出現は阻止できないものとされ、どうやったら出現を遅らせることができ、対策のための時間稼ぎをするかが課題とされたという（岡田晴恵、二〇〇四年）。

鳥インフルエンザの本当のこわさは、鳥が大量死することではなく、人の大量死に結びつくと予測されているところにある。人口が増え、航空機輸送網の発達した現在では、そのような新型インフルエンザが出現した場合、またたく間に世界中に感染が広がり、世界中でじつに一億人から四億人近い人が死亡すると予測されている（岡田晴恵、二〇〇七年／大槻公一、二〇〇八年）。日本の場合も、平成一七年一二月（平成二五年六月最新改訂）に鳥インフルエンザ等に関する関係省庁対策会議が公表した「新型インフルエンザ対策行動計画」は、最悪の場合、入院患者数は二〇〇万人、死者は六四万人にのぼると推計している。そうなると当然、通常の社会生活は麻痺し、経済的損失も計り知れないものとなろう。パンデミックとよばれる世界的大流行を阻止するために、死力を尽くして人智を絞らなければならないゆえんである。

日本は、島国という地理的条件や輸入検疫により、一九二五年を最後に永らく鳥インフルエンザは発生していなかったが、二〇〇四年一月に七九年ぶりに、その発生が確認された。同年三月までに四件の発生が確認され、本病により死亡し、または感染拡大阻止のために殺処分された鳥は、同年三月までのわずか二カ月の間に約二七万五〇〇〇羽におよんだ。その後も感染確認件数は増え続け、二〇〇五年一二月には四一例目の発生が発表された。累積殺処分羽数は、この時点で三三五万羽を超えた。その後も、鳥インフルエンザウイルスは日本各地で死んだ家きんや野鳥から確認され続けている。

諸外国では、人間が鳥インフルエンザに感染した症例も相当数が確認され続けている。国立感染症研究所感染症情報センターのウェブサイトによると、WHOに報告された確定症例数だけをみても、二〇〇六年には一一五人が感染（うち七九人が死亡）、二〇〇七年には八八人が感染（うち五九人が死亡）、二〇〇八年には四四名が感染（うち三三名が死亡）している。これは国連機関であるWHOが確定した症例だけの話であるから、実際の症例数（死亡者数）は、おそらくもっと多いであろう。

一方、BSEはどうか。

ＢＳＥは、一九八六年に発生が確認されたもので、牛の脳の組織が海綿（スポンジ）状の変化を起こし、起立不能などの症状を呈する悪性の中枢神経系の疾病である。原因はまだ十分に解明されていないが、現在もっとも受け入れられている見解は、プリオンというタンパク質が異常化し、それが原因だとするものである。

ＢＳＥの流行はイギリスで始まった。潜伏期間は長く（三年から七年程度）、そのために実際の流行の広がりがみえにくかった。

流行の原因は、飼料に含まれた肉骨粉であるとされる。肉骨粉は食肉処理の過程で得られる肉・皮・骨などから製造される飼料原料であるが、そのなかに伝達因子（ＢＳＥ病原体）が含まれ、それを食べた牛の間に急激に広がったと考えられている。

鳥インフルエンザ同様、ＢＳＥにおいても、「人への感染」が大きな懸念材料である。

イギリスでは一九九六年にクロイツフェルト・ヤコブ病に類似した新たな病気の出現が報じられ、一〇人の患者が確認され二〇〇五年秋の段階で一五〇人を超えた（福岡伸一、二〇〇五年）。クロイツフェルト・ヤコブ病とは、中年期以後に発症する痴呆性の致命的疾患で、大脳皮質が海綿状態になる感染性の疾患である。一九二〇年代にクロイツフェルトとヤコブにより症状・病理が報告されたことから、こうよばれている。

イギリスで出現した新しい病気は、古典的なクロイツフェルト・ヤコブ病とちがって、患者が若年であり、かつ長い臨床経過を経るので、「変異型クロイツフェルト・ヤコブ病」と名づけられている。

牛のBSEを引き起こした病原体が、汚染食品の摂取を通じて人に感染しこの病気が引き起こされる、という仮説が有力である。

いまのところBSE病原体を摂取し将来この病気を発症する可能性のある人がどのくらいいるかは、わかっていない。つまり、将来、変異型クロイツフェルト・ヤコブ病を発症する人口規模がどのくらいになるのかは、潜伏期も確定できず、はっきりとは予測できない。

わが国では、二〇〇一年九月に、農林水産省がBSEの疑いがある牛一頭を発見したと発表し、同月中に、確定診断のため検体を送付した英国獣医研究所からBSEであるという病理検査結果が届いたことも公表した。こうして日本でもまたヨーロッパの諸国同様、自国産牛にBSEが確認された。この症例を含めて、二〇〇九年一月までの間に、わが国では三六例がBSE牛と確認された。ただし、肉骨粉の使用を禁止する飼料規制実施直後の二〇〇二年一月生まれを最後に、国内で生まれた牛での発生報告はなく、国際獣疫事務局（OIE）はわが国を「無視できるBSEリスク」の国に認定している。

鳥インフルエンザとBSEという、人にとってのおそるべき脅威となる潜在的可能性がある伝染病と戦うために、わが国ではどのような法律がつくられているだろうか。

2　家畜伝染病予防法

まっさきに紹介すべき法律は、「家畜伝染病予防法」である。同法は、総則、家畜の伝染性疾病の発生の予防、家畜伝染病のまん延の防止、輸出入検疫、雑則、罰則の六章からなる。その目的は「家畜の伝染性疾病の発生を予防し、及びまん延を防止することにより、畜産の振興を図ること」である。

この法律の主たる対象となるのは「家畜伝染病」であるが、それは、表5・1の左欄の伝染性疾病であって、それぞれ右欄の家畜についてのものをいう。鳥インフルエンザ（高病原性および低病原性）とＢＳＥ（伝達性海綿状脳症に含まれる）が、ともに家畜伝染病に指定されていることを確認していただきたい。

畜産振興という法の目的との関係で、この法律が対象とする動物種は、疾病ごとに定められた家畜に限られている。そのため、たとえば、一般によく知られた危険な伝染性疾病である狂犬病も本法にいう家畜伝染病に指定されているものの、対象になるのは、牛、馬、めん羊、山羊、豚の五種だけである。

狂犬病は読んで字のごとく、犬がかかる病気としてよく知られている。その一方で、犬以外の動物にも感染することは一般にはあまり知られていないため、犬を除いた五種の家畜の狂犬病だけを対象とする本法の規制範囲は、公衆衛生の観点から不合理だと感じられるかもしれない。

表 5.1 家畜伝染病

伝染性疾病の種類	家畜の種類
一　牛疫	牛，めん羊，山羊，豚
二　牛肺疫	牛
三　口蹄疫	牛，めん羊，山羊，豚
四　流行性脳炎	牛，馬，めん羊，山羊，豚
五　狂犬病	牛，馬，めん羊，山羊，豚
六　水胞性口炎	牛，馬，豚
七　リフトバレー熱	牛，めん羊，山羊
八　炭疽	牛，馬，めん羊，山羊，豚
九　出血性敗血症	牛，めん羊，山羊，豚
十　ブルセラ病	牛，めん羊，山羊，豚
十一　結核病	牛，山羊
十二　ヨーネ病	牛，めん羊，山羊
十三　ピロプラズマ病（農林水産省令で定める病原体によるものに限る.）	牛，馬
十四　アナプラズマ病（農林水産省令で定める病原体によるものに限る.）	牛
十五　伝達性海綿状脳症	牛，めん羊，山羊
十六　鼻疽	馬
十七　馬伝染性貧血	馬
十八　アフリカ馬疫	馬
十九　小反芻獣疫	めん羊，山羊
二十　豚コレラ	豚
二十一アフリカ豚コレラ	豚
二十二　豚水胞病	豚
二十三　家きんコレラ	鶏，あひる，うずら
二十四　高病原性鳥インフルエンザ	鶏，あひる，うずら
二十五　低病原性鳥インフルエンザ	鶏，あひる，うずら
二十六　ニューカッスル病（病原性が高いものとして農林水産省令で定めるものに限る．以下同じ.）	鶏，あひる，うずら
二十七　家きんサルモネラ感染症（農林水産省令で定める病原体によるものに限る．以下同じ.）	鶏，あひる，うずら
二十八　腐蛆病	みつばち

しかし、それは杞憂である。犬や猫などの狂犬病については、後述するとおり、この法律とは別に「狂犬病予防法」という法律があり、そちらで対策と規制が講じられているからである。

さて、家畜伝染病予防法には、まぎらわしい概念が使われているので、まずは「家畜伝染病」「届出伝染病」「監視伝染病」「新疾病」「患畜」「疑似患畜」という用語の定義を確認しておく。

「家畜伝染病」は、前掲の表5・1に列挙されたものである。「届出伝染病」は家畜伝染病以外の伝染性疾病で農林水産省令が定めるものを指す。家畜伝染病と届出伝染病を総称して「監視伝染病」という。一方、「新疾病」は、すでに知られている家畜の伝染性疾病とその病状または治療の結果が明らかに異なる疾病を指す。

「患畜」という用語は、家畜伝染病（腐蛆病を除く）にかかった家畜を指し、届出伝染病や新疾病にかかっている家畜は含まれない。「疑似患畜」は患畜である疑いがある家畜と、牛疫・牛肺疫・口蹄疫・狂犬病・豚コレラ・アフリカ豚コレラ・高病原性鳥インフルエンザ・低病原性鳥インフルエンザの病原体に触れた（または触れた疑いがある）ため、患畜になるおそれがある家畜をいう。

鳥インフルエンザおよびBSEから家畜（ひいては人）を守るために重要なのは、家畜伝染病のまん延防止措置である。家畜伝染病予防法には、可能なかぎりすみやかに（法文上は「遅滞なく」という用語が使われる）つぎのような措置をとるべきことが定められている。

家畜が患畜または疑似患畜となったことを発見したときは、当該家畜を診断しまたは死体を検案した獣医師は都道府県知事に届け出る。獣医師の診断・検案を受けていないときは当該家畜の所有者が、運送中の家畜については運送業者が届出義務を負う。

その届出を端緒として、さまざまな法的対策システムが動き出す。具体的には、公示・報告、隔離、通行制限・遮断、殺処分、死体の焼却・埋却、汚染物品の焼却、畜舎等の消毒、移動制限などである。

都道府県知事は、届出があったときは、それを公示するとともに、当該家畜またはその死体の所在地を管轄する市町村長および隣接市町村長ならびに関係都道府県知事に通報し、かつ、農林水産大臣に報告する。

患畜・疑似患畜の所有者は、当該家畜を隔離する。家畜防疫員（都道府県知事により任命された当該都道府県の職員である獣医師）は、隔離を必要としないと認めるときは、隔離を解いてもよい旨を指示し、またはその指示にあわせて、家畜伝染病のまん延を防止するため必要な限度で、けい留、一定の範囲を超える移動の制限その他の措置をとるよう指示する。家畜防疫員は、家畜伝染病のまん延を防止するため必要があるときは、患畜もしくは疑似患畜と同居していたため、またはその他の理由により患畜となるおそれがある家畜（疑似患畜を除く）の所有者に対し、期間を限り、当該家畜を一定の区域外へ移動させてはならない旨を指示することができる。

都道府県知事・市町村長は、家畜伝染病まん延防止の緊急の必要があるときは、七二時間を超えない範囲で、患畜・疑似患畜のいる場所とほかの場所との通行を制限したり、遮断したりできる。

都道府県知事は、家畜伝染病のまん延を防止するため必要があるときは、一定範囲の患畜・疑似患畜の所有者に、期限を定めて当該家畜を殺すよう命ずることができる。家畜の所有者またはその所在が知れず、緊急の必要があるときは、都道府県知事は、家畜防疫員に当該家畜を殺させることができる。

患畜または疑似患畜の所有者は、当該家畜を殺すときは、あらかじめ家畜防疫員にその旨を届け出、家畜防疫員は、家畜伝染病のまん延を防止するため必要があるときは、殺す場所または殺す方法を指示することができる。

都道府県知事は、病性鑑定のため必要があるときは、家畜防疫員に家畜の死体を剖検させ、または剖検のため疑似患畜を殺させることができる。家畜防疫員は、病性鑑定のため必要があるときは、疑似患畜の所有者に対し、七日を超えない期間を定め、当該家畜を殺してはならない旨を指示することができる。

鳥インフルエンザ等の患畜または疑似患畜の死体の所有者は、家畜防疫員の指示に従い、当該死体を焼却し、または埋却する。これらの死体は、家畜防疫員の許可を受けなければ、ほかの場所に移し、損傷し、または解体できない。家畜防疫員は、家畜伝染病のまん延を防止するため緊急の必要があるときは、同項の患畜または疑似患畜の死体について、指示に代えて、自らこれを焼却し、または埋却する。

ＢＳＥの患畜または疑似患畜の死体は、埋却ではなく焼却される。汚染物品についても同様である。

国は、家畜の殺処分を命じられた所有者に対し、評価額の一定割合（法の定める詳細な分類に従い三分の一から全額まで）を手当金として交付する。ただし、家畜の伝染性疾病の発生を予防し、またはまん延を防止するために必要な措置を講じなかった者等に対しては、これを交付しない。また、焼却し、または埋却した家畜の死体または物品の所有者に対し、焼却または埋却に要した費用の二分の一を交付する。さらに、都道府県知事・家畜防疫員の法律執行に必要な諸費用（所有者の売り上げ減少分の交付などを含む）の一定割合（二分の一から全額）を国が負担する。

都道府県知事は、家畜伝染病のまん延を防止するため必要があるときは、規則を定め、一定種類の家畜、その死体または家畜伝染病の病原体を広げるおそれがある物品の当該都道府県の区域内での移動、当該都道府県内への移入または当該都道府県外への移出を禁止し、または制限することができる。また、農林水産大臣は、家畜伝染病のまん延を防止するため必要があるときは、区域を指定し、一定種類の家畜、その死体または家畜伝染病の病原体を広げるおそれがある物品の当該区域外への移出を禁止し、または制限することができる。

監視伝染病（家畜伝染病と届出伝染病）の発生の状況等を把握するための検査についての諸規定もある。

都道府県知事は、家畜またはその死体の所有者に対し、家畜またはその死体について、監視伝染病の発生を予防し、またはその発生を予察するため必要があるときは、その発生の状況および動向を把握するための家畜防疫員の検査を受けるよう命じることができ、その検査の結果は農林水産大臣に報告する。農林水産大臣は、都道府県知事に対し、報告により得られた監視伝染病の発生の状況等についての情報を提供するとともに、監視伝染病の発生の予防のために必要な指導を行う。都道府県知事は、情報の提供または指導を受けたときは、家畜の所有者またはその組織する団体に対し、監視伝染病の発生の予防のために必要な助言および指導を行う。

都道府県知事は、監視伝染病等の発生を予防するため必要があるときは、家畜の所有者に対し、家畜について家畜防疫員の注射、薬浴または投薬を受けるよう命ずることができる。また、知事は、検査を受けた家畜もしくはその死体または注射、薬浴もしくは投薬を受けた家畜に、検査、注射、薬浴または投薬を行った旨のらく印、いれずみその他の標識を家畜防疫員に付させることができる。家畜の所有者から請求があれば、検査、注射、薬浴または投薬を行った旨の証明書が交付される。その他、都道府県知事は、監視伝染病などの発生を予防するため必要があるときは、区域を限り、家畜の所有者に対し、農林水産省令の定めるところにより、消毒方法、清潔方法またはねずみ、昆虫等の駆除方法を実施すべき旨を命ずることもできる。都道府県知事は、特定疾病または監視伝染病の発生の予防のためとった措置につき、その実施状況および実施の結果を農林水産大臣に報告するとともに関係都道府県知事に通報する。

さらに、家畜の伝染性疾病の予防のためには、輸出入検疫体制の充実も大切である。

家畜伝染病予防法は、試験研究など特別の場合につき農林水産大臣の許可を受けないかぎり、伝染病の病原体などの輸入を禁止している。例外的に輸入するときは、届出、検査証明書の添付、輸入場所の制限、輸入検査と証明書交付等により、厳格な統制が加えられる。そのほか、動物の生体・死体または骨肉卵皮毛類（およびこれらの容器包装）で農林水産大臣が指定するものを指定検疫物といい、それらは輸入場所が制限され、輸入者に届出義務が課され、輸入検査の対象になる。一定の動物や物については、輸出検査も実施される。

本法に規定された、このような多様で詳細な義務の違反については、詳細な罰則規定がある。患畜等の届出義務違反、患畜等のとさつ・殺処分義務違反、輸入禁止違反、指定検疫物の輸入検査逃れや不正といった行為を行った者には、三年以下の懲役または一〇〇万円以下の罰金が科される。患畜等の隔離義務違反、その死体の埋却・焼却義務違反、家畜伝染病まん延防止のための移動禁止制限等への違反等については、一年以下の懲役または五〇万円以下の罰金、それ以外の届出義務やさまざまな指示・命令・制限・遮断・検査・注射・報告等への違反や不正については三〇万円以下の罰金が科される。

3　鳥インフルエンザとの戦い

以上述べた家畜伝染病予防法の規定のなかには、鳥インフルエンザの発生をふまえ、感染を的確に回避し、まん延防止措置の強化を図るために、平成一六年の改正で新機軸として盛り込まれたものがある。

①疾病発生時の届出義務違反に関する制裁の強化、②移動制限命令に協力した畜産農家に対する助成措置の制度化、③都道府県の防疫事務費用の一定部分の国庫負担、という三点がそれである（鈴木明子、二〇〇五年）。

このような改正がなされた背景には、平成一六年に発生した鳥インフルエンザについて、農家からの届出がなされず、出荷先で感染が拡大したことへの反省と、畜産の大型化にともない、防疫措置が農家経営へおよぼす経済的影響と防疫事務にかかる費用が、ともに膨大なものとなったことがある。

家畜伝染病発生の届出義務を怠った者については、そのために自ら所有する家畜に伝染病が発生したような場合についてまで、まん延防止措置により滅失した価額に相当する金額を手当金として交付するのは不適当であるから、そのような者に対しては手当金が交付されないことが明記された。また、患畜等の届出義務違反についての刑罰を、殺処分命令違反等と同様の、三年以下の懲役または一〇〇万円以下の罰金へと引き上げた。

都道府県負担金額の一部を国が負担することを定めていることを述べたが、鳥インフルエンザの発生により、鶏や鶏卵の移動制限が広汎・長期間に実施され、畜産経営に大打撃を与えたことから、移動制限命令に協力した所有者に対しては、売り上げの減少や保管・輸送・処分の費用増加分を都道府県が交付する場合に、国がその二分の一を補助することになった。

都道府県の防疫事務費用の一定部分の国庫負担については、従来から負担しているものに加えて、衛生資材の購入費や賃借料、家畜防疫員が自ら患畜等の死体や汚染物質の焼却・埋却を行った場合の費用の二分の一も、新たに国が負担することになった。

家畜伝染病予防法のこうした改正・強化と車の両輪をなすのが、同じく平成一六年に農林水産大臣が公表した「高病原性鳥インフルエンザに関する特定家畜伝染病防疫指針」であった。その後、この指針は平成二七年に「高病原性鳥インフルエンザ及び低病原性鳥インフルエンザに関する特定家畜伝染病防疫指針」となり、家畜伝染病予防法の定める措置について詳細な指針を定めている。

現在の防疫指針の基本方針は、つぎのとおりである。

鳥インフルエンザの防疫対策上、もっとも重要なのは、「発生の予防」と「早期の発見及び通報」、さらには「迅速かつ的確な初動対応」である。国は、人、物等を介した諸外国からわが国へのウイルスの侵入を防止するため、水際における検疫措置を徹底する。家きんの所有者は、飼養衛生管理基準を遵守するとともに、高病原性鳥インフルエンザまたは低病原性鳥インフルエンザが疑われる症状を呈している家きんが発見された場合に、ただちに都道府県に届出することが日常化し、確実に実行されることがなによりも重要である。このため、行政機関および関係団体は、役割分担の下、すべての家きんの所有者がその重要性を理解し、かつ、実践できるよう、発生予防と発生時に備えた準備に万全を期す。発生時には、迅速かつ的確な初動対応により、まん延防止および早期収束を図ることが重要であり、とくに発生農場における迅速な患畜等のとさつ、その死体等の処理および消毒がなにより も重要である。防疫措置を行うための経費については、法律にもとづき、国が負担することとなっている。また、法律では、防疫措置が発生初期の段階から迅速かつ的確に講じられるようにするため、予備費の活用を含めて、法にもとづく予算をすみやかに、かつ、確実に手当てすることとしている。このこともふまえて、行政機関および関係団体は、役割分担の下、迅速かつ的確な初動対応を行う。なお、国は、あらかじめ定めた防疫方針にもとづく初動対応により、感染拡大を防止できないときには、すみやかに、実際の感染状況をふまえた防疫方針の見直しを行うとともに、必要に応じ、専門家の意見を聴きつつ、的確に特定家畜伝染病緊急防疫指針を策定する。

なお、鳥インフルエンザが人に感染してしまった場合は、「感染症の予防及び感染症の患者に対する医療に関する法律」により、報告が医師に義務づけられている。鳥インフルエンザ患者と診断した医師は、ただちに患者の氏名、年齢、性別その他を、最寄りの保健所長を経由して都道府県知事に届け出る。

4　BSEとの戦い

BSEに対する戦いも、法整備を通じて行われている。平成一四年に制定された「牛海綿状脳症対策特別措置法」と、それにもとづいて同年に策定された「牛海綿状脳症対策基本計画」が重要である。後述するように基本計画は平成二八年に全部変更されている。

牛海綿状脳症対策特別措置法の目的は、「牛海綿状脳症の発生を予防し、及びまん延を防止するための特別の措置を定めること等により、安全な牛肉を安定的に供給する体制を確立し、もって国民の健康の保護並びに肉用牛生産及び酪農、牛肉に係る製造、加工、流通及び販売の事業、飲食店営業等の健全な発展を図ること」である。

国・都道府県は、BSEの発生が確認された（またはその疑いがあると認められた）場合には、農林水産大臣・厚生労働大臣が定める基本計画にもとづき、すみやかに、BSEのまん延を防止するなどのために必要な措置を講じる責務を有する。

この基本計画には、①対応措置に関する基本方針、②計画の期間、③BSEのまん延の防止のための措置に関する事項、④正確な情報の伝達に関する事項、⑤関係行政機関および地方公共団体の協力に関する事項、⑥その他対応措置に関する重要事項、を定めることとされた。

BSEまん延の原因と考えられる、牛の肉骨粉を原料等とする飼料の使用は、厳しく制限されている。牛の肉骨粉を原料または材料とする飼料は、牛に使用してはならず、牛の肉骨粉を原料または材料とする牛を対象とする飼料および牛に使用されるおそれがある飼料は、販売し、または販売の用に供するために製造し、もしくは輸入してはならない。農林水産省令で定める月齢以上の牛が死亡したときは、当該牛の死体を検案した獣医師（獣医師による検案を受けていない牛の死体については、その所有者）は、家畜伝染病予防法の規定による届出をする場合等を除き、遅滞なく、当該牛の死体の所在地を管轄する都道府県知事にその旨を届け出る。届出を受けた都道府県知事は、当該届出に係る牛の死体の所有者に対し、当該牛の死体について、家畜伝染病予防法の規定により、家畜防疫員の検査を受けるべき旨を命じる。

と畜場内で解体された厚生労働省令で定める月齢以上の牛の肉、内臓、血液、骨および皮は、都道府県知事または保健所を設置する市の長の行うＢＳＥに係る検査を経たあとでなければ、と畜場外に持ち出せない。と畜場の設置者または管理者は、牛の脳およびせき髄その他の厚生労働省令で定める牛の部位（「牛の特定部位」）については、焼却することにより衛生上支障のないように処理する。と畜業者等は、と畜場内において牛のとさつまたは解体を行う場合には、牛の特定部位による牛の枝肉および食用に供する内臓の汚染を防ぐように処理する。

国は、牛一頭ごとに、生年月日、移動履歴その他の情報を記録し、および管理するための体制の整備に関し必要な措置を講じる。牛の所有者・管理者は、牛一頭ごとに、個体を識別するための耳標を着けるとともに、前項の情報の記録および管理に必要な情報を提供する。

国は、基本計画に定められた計画の期間において、ＢＳＥの発生により経営が不安定になっている牛の生産者、牛肉に係る製造、加工、流通または販売の事業を行う者、飲食店営業者等に対し、その経営の安定を図るために必要な措置を講じる。また、農林水産大臣および厚生労働大臣は、独立行政法人、地方公共団体、地方独立行政法人、獣医師の組織する団体、牛の生産者等の組織する団体またはＢＳＥに係る試験研究もしくは検査を行う法人等に対し、ＢＳＥに関する専門家の派遣その他必要な協力を求めることができる。　都道府県知事および保健所を設置する市の長は、国、独立行政法人、ほかの地方公共団体、地方独立行政法人、獣医師の組織する団体、牛の生産者等の組織する団体またはＢＳＥに係る試験研究もしくは検査を行う法人等に対し、ＢＳＥの検査に係る協力その他必要な協力を求めることができる。

国および地方公共団体は、教育活動、広報活動等を通じたＢＳＥの特性に関する知識その他ＢＳＥに関する正しい知識の普及により、ＢＳＥに関する国民の理解を深めるよう努めるとともに、この法律にもとづく措置を実施するにあたっては、広く国民の意見が反映されるよう十分配慮する。また、国および都道府県は、ＢＳＥの検査体制の整備、ＢＳＥおよびこれに関連する人の疾病の予防に関する調査研究体制の整備、研究開発の推進およびその成果の普及ならびに研究者の養成その他必要な措置を講じるよう努める。

このような法規定の要請を受けて、「牛海綿状脳症対策基本計画」（平成一四年七月三一日公表、以下「基本計画」）が策定され、国および都道府県はそれにもとづき、すみやかにまん延防止措置を講じることとされた。

さいわい、その後、ＢＳE発生国において、飼料規制等の対策がとられたことによりＢＳＥの発生件数が減少し、二〇一三年の世界における発生件数はわずか七件となり、わが国においては二〇〇九年以降ＢＳＥの発生は確認されていない。このような状況をふまえ、食品安全委員会は、二〇一三年五月の「牛海綿状脳症（ＢＳＥ）対策の見直しに係る食品健康影響評価」において、日本においては、牛由来の牛肉および内臓（ＳＲＭ以外）の摂取に由来するＢＳＥプリオンによる人での変異型クロイツフェルト・ヤコブ病（ｖＣＪＤ）発症の可能性はきわめて低いと判断するにいたった。

そのような状況の大きな変化を受けて、二〇〇二年に公表された基本計画は、二〇一六年二月に全部変更されるにいたった。

現在の基本計画は、リスクが大きく減少し、わが国の国際獣疫事務局（ＯＩＥ）の格づけも「無視できるＢＳＥリスク」の国に認定されたものの、引き続き、食品安全委員会によるリスク評価にもとづき、国民の健康保護がもっとも重要であるとの基本的認識の下に、わが国の安全な状況を維持することを基本方針として、以下のとおりの具体的措置を定めている。

①ＢＳＥのまん延防止のための措置に関する事項

農場段階における措置として、都道府県は、牛の所有者、獣医師等に対して、ＢＳＥを疑う症状を呈した牛または死亡牛を確認した場合には、すみやかに届出を行うよう周知するとともに、ＢＳＥ検査を適切に実施する。また、国および都道府県は、死亡牛の検査体制を整備するものとし、検査結果の収集および分析による適切なリスク管理を行う。と畜場段階における措置として、都道府県および保健所設置市は、ＢＳＥ検査ならびに法が定める牛の特定部位の除去および分別管理の実施についての確認を適切に実施し、国は都道府県および保健所設置市に対し、ＢＳＥ検査を適切に実施するための技術的支援を行う。

ＢＳＥであると判定された牛の死体が所在する都道府県、ＢＳＥの病原体であるＢＳＥプリオンに汚染された物品が所在する都道府県、ＢＳＥであると判定された牛からの検体の採材施設が所在する都道府県またはＢＳＥであると判定された牛の死体の保管施設が所在する都道府県は、ＢＳＥであると判定された牛の死体等の所有者に対して、焼却、消毒等の必要なまん延防止措置の実施について指示する。

また、ＢＳＥの発生がと畜場において確認された場合、当該と畜場が所在する都道府県または保健所設置市は、ＢＳＥであると判定された牛の所有者等に対して、当該牛のすべての部分の焼却を指示するとともに、と畜場の設置者または管理者に対して、牛の特定部位に接触し、またはそのおそれのある施設設備等の消毒措置等を確実に実施するよう指示する。また、国および都道府県は、ＢＳＥであると判定された牛もしくはＢＳＥプリオンに汚染された物品の所有者または都道府県が行う焼却、消毒等に必要な体制の整備、個体識別体制の整備等に努める。

さらに、ＢＳＥであると判定された牛が飼育されていた農場が所在する都道府県は、すみやかに当該農場における同居牛の移動の制限を行うとともに、必要に応じて、独立行政法人家畜改良センター等の協力を得て、飼育状況等の把握およびＢＳＥと疑われる牛の特定に努め、順次、殺処分およびＢＳＥ検査を実施する。

ＢＳＥであると判定された牛が飼育されていた農場が所在する都道府県は、国、関係都道府県等の協力を得て、当該牛への飼料の給与状況等の疫学調査を実施する。国は、ＢＳＥであると判定された牛の疫学調査を実施する都道府県等と協力して、飼料等の原材料の流通経路等に関する調査を実施し、感染源および感染経路の究明を行い、再発防止に努める。

②正確な情報の伝達に関する事項

ＢＳＥの発生が確認された場合には、国および地方公共団体は、ＢＳＥであると判定された牛および発生農場における飼育管理の概要等に関する情報について、プレスリリース、ホームページ等を通じて適切な方法により公表する。

また、公表にあたっては、ＢＳＥの特性とともに、ＢＳＥが疑われる牛の隔離等適切な防疫措置の実施状況等についても説明するものとする。その際、当該牛に関連する地域において、ＢＳＥが発生した農家のプライバシーに配慮しつつ、過剰な取材を行わないよう報道機関等に協力を求める。

さらに、と畜場においてＢＳＥの発生が確認された場合には、ＢＳＥであると判定された牛に由来する食肉等は焼却処分となるため市場には流通しない旨を、適切な方法により公表する。

国および地方公共団体は、教育活動、広報活動等を通じて、ＢＳＥ検査の実績、ＢＳＥに関する基礎的知識、牛肉等の安全確保対策等のＢＳＥに関する正しい知識を普及するとともに、ＢＳＥや変異型クロイツフェルト・ヤコブ病に関する科学的知見を紹介し、ＢＳＥに関する国民の理解を深める。

③関係機関および地方公共団体の協力に関する事項

国、都道府県および保健所設置市は、関係市町村等の協力を得て、対応措置の実施に必要となる人員を確保するとともに、研修の実施による診断・検査技術の向上等を図り、関係独立行政法人等の協力を得て、ＢＳＥに関する専門家の派遣、防疫体制の整備等を行う。また、国は、ＢＳＥプリオンに汚染された飼料等を摂取することが感染の原因とされるＢＳＥとは異なり孤発性の可能性が示されている非定型ＢＳＥの伝達性の解明等の研究を推進する。

　農林水産省および厚生労働省は、基本計画に掲げる措置を実施するにあたっては、関係府省との緊密な連携を図る。また、都道府県等において、基本計画に掲げる措置が適切に実施されるよう、相互に連携を図り、必要な措置を講ずる。
④その他対応措置に関する重要事項
　国は、諸外国におけるＢＳＥの発生状況、発生リスク等に関する情報を収集し、これらの情報にもとづき、食品安全委員会において必要な評価を行ったうえで、その評価結果等をふまえ、的確な輸入検疫を実施する。

　国および都道府県は、肉骨粉を含む飼料の使用、製造および販売に係る措置が適切に実施されていることについて、独立行政法人農林水産消費安全技術センターの協力を得て監視する。また、国および都道府県は、牛の肉骨粉を含む肥料の使用、製造および販売に関し、必要な規制措置を講じ、その措置が適切に実施されていることについて、同センターの協力を得て監視する。

　国および都道府県は、飼料および肥料としての利用が規制されている牛の肉骨粉については、焼却等の的確な実施の推進に努め、また、関係業界の協力を得て、死亡牛の焼却施設等において適切な処理が行われるよう努める。また、国および都道府県は、牛の肉骨粉を原料等とする飼料および肥料の使用に関し、必要な規制措置を講じつつ、畜産副産物を原料段階で畜種別等に区分して化製処理を行う体制の整備に努める。

国は、畜産物に係る需給および価格の動向等の状況の変化をふまえ、BSEの発生にともなう牛肉価格の低下等により経営が不安定になった牛の生産者、牛肉に係る製造、加工、流通または販売の事業を行う者、飲食店営業者等に対し、その経営の安定を図るために必要な措置を講ずる。

なお、BSEに関連して、平成一五年に「牛の個体識別のための情報の管理及び伝達に関する特別措置法」（平成一五年、いわゆる「牛トレーサビリティ法」）が定められた。

家畜伝染病予防法、牛海綿状脳症対策特別措置法と牛海綿状脳症対策基本計画により、BSEのまん延防止のための対策がとられてはいる。しかし、BSEはほかの家畜伝染病と比べて潜伏期がきわめて長く、牛の移動記録を過去にさかのぼって確かめるのは、非常な困難がともなう。そこで、牛一頭ごとに所在などの情報を一元管理し、BSE牛確認時に、迅速に検索するシステムの構築が必要となる。このことは、食の安全という観点から消費者の不安の解消にもつながり、ひいては畜産の振興にも益するものとなる。

このような考えのもと、「牛の個体識別のための情報の管理及び伝達に関する特別措置法」は、農林水産大臣が「牛個体識別台帳」を作成し、当該台帳に牛一頭ごとに、①個体識別番号、②出生または輸入の年月日、③雌雄の別、④輸入された牛以外の牛については、母牛の個体識別番号、⑤輸入された牛については、輸入した者の氏名または名称および住所、⑥管理者の氏名または名称および住所ならびにその管理の開始の年月日、⑦牛の飼養のための施設の所在地および当該飼養施設における飼養の開始の年月日、⑧とさつ、死亡または輸出の年月日、⑨その他農林水産省令で定める事項、を記録することとした。牛個体識別台帳に記録された事項はインターネットの利用その他の方法により公表する。

このシステムの正確性を期すため、管理者・輸入者には、牛の出生・輸入時に関する届出義務が課される。農林水産大臣は、届出を受理したときは、当該牛の個体識別番号が遅滞なく管理者・輸入者に通知され、管理者・輸入者は、牛の両耳にその個体識別番号を表示した耳標を装着する。牛の譲渡し・譲受け、牛個体識別台帳に記録されている事項の変更、牛の死亡・とさつ・輸出は届け出なければならない。と畜者は、とさつした牛から得られた特定牛肉（食用に供される牛の肉であって牛個体識別台帳に記録されている牛から得られたもの）をほかの者に引き渡すときは、牛肉に当該牛の個体識別番号を表示しなければならない。

さらに、販売業者は、特定牛肉の販売をするときは、農林水産省令で定めるところにより、当該特定牛肉もしくはその容器、包装もしくは送り状またはその店舗のみやすい場所に、当該特定牛肉に係る牛の個体識別番号を表示しなければならない。特定料理（特定牛肉を主たる材料とする料理）を提供する業者も、当該特定料理またはその店舗の見やすい場所に、その特定料理に使われた牛の個体識別番号を表示しなければならない。

5　狂犬病予防法

動物の伝染性疾病に関する法的対策として、現在もなお重要性を失っていないのは、犬や猫などの狂犬病について規定する狂犬病予防法である。

この法律は、動物の伝染性疾病による被害の発生・拡大の防止を目的としている点において、家畜伝染病予防法と共通の性質をもつ。

狂犬病予防法の対象となる動物は、「犬」と「猫その他の動物（牛、馬、めん羊、山羊、豚、鶏及びあひるを除く）であって、狂犬病を人に感染させるおそれが高いものとして政令で定めるもの」である。具体的には、犬、猫、アライグマ、キツネ、スカンクが現在対象になっている。また、同法の目的は、「狂犬病の発生を予防し、そのまん延を防止し、及びそれを撲滅することにより、公衆衛生の向上及び公共の福祉の増進を図ること」である。対象は犬に限らないとはいえ、主要なターゲットは犬なので、犬についてだけ適用される規定が多い。

狂犬病予防法の定める通常時の措置としては、犬の登録義務と鑑札の交付、狂犬病予防注射を毎年一回受ける義務と注射済票の交付がある。鑑札と注射済票は犬に着けておかねばならない。都道府県職員の獣医師から任命された狂犬病予防員は、鑑札や注射済票を着けていない犬を捕獲し抑留しなければならない。所有者の知れない犬は、一定の条件のもとで処分することができる。

狂犬病が発生した場合は、獣医師や所有者に届出義務がある。狂犬病にかかった犬等は、ただちに隔離される。また、都道府県知事は、狂犬病発生を公示し、区域と期間を定めて、その区域内のすべての犬に口輪をかけること、または、繋留することを命じるほか、犬やその死体の移動・移入出を禁止・制限すること、犬の一斉検診、臨時予防注射を行うこと、交通を遮断・制限すること、犬の展覧会などを中止させること、緊急の必要があるときは近傍の住民に周知したうえで繋留されていない犬を薬殺することなどができる。病性鑑定に必要なときは、狂犬病予防員は、犬等の死体を解剖し、または、解剖のために狂犬病にかかった犬等を殺すことができる。

狂犬病の発生を知りつつ届出や隔離をしなかった獣医師等は三〇万円以下の罰金に処されるほか、犬の登録申請をしない、鑑札を着けない、予防注射を受けさせない、注射済票を着けない、といった違反のある飼主も、二〇万円以下の罰金に処される。

6　残された課題

本章では、鳥インフルエンザとBSEという、動物を媒介とする二種の伝染病がもたらす多大な人的・物的被害を防止するためにとられている法的対策を紹介し、それと関連する狂犬病予防法の大まかな内容を述べた。

これらの法律は、伝染病が発生した場合、感染のまん延を防止するために家畜や犬の殺処分についても定めている。家畜については、現代的な畜産経営が大規模化するに従い、いったん伝染病が発生してしまうと、まん延阻止のために殺処分される家畜数も、それに比例して膨大なものとならざるをえない宿命にある。

人間の健康の安全を守り、さらなる財産的被害の拡大を防止し、畜産業全体へのダメージを軽減するために、ときには大量の家畜を果断に殺処分する必要が生じる。それが適法に行われうることは疑いがない。しかし、たとえば鳥インフルエンザの発生した農場で、何万羽もの鶏を殺処分し埋却しているニュース映像に、うすら寒い思いを禁じえなかった人も多いだろう。その思いは、人間と家畜のあり方についての深い反省へとわれわれを誘うものであるが、法律の世界を記述する本書でなしうるのは、動物の伝染性疾病から動物や人間の健康を守るため（危険防除のため）の法的手段のあり方とその過程で問題となる動物の福祉の問題を考えることにとどまる。

危険防除手段の問題から述べよう。ＢＳＥおよび鳥インフルエンザについては、その人間に対する潜在的脅威の大きさから、コストはかかっても、高度な警戒態勢を今後もとり続けていかざるをえない。

これら二つの疾病については、家畜伝染病予防法等に定められた予防措置とまん延防止措置の適切性を評価できるだけの時間がまだ十分に経っていないかもしれないが、新型インフルエンザの世界的流行や、変異型クロイツフェルト・ヤコブ病の爆発的まん延という地球規模での最悪のシナリオを回避するため、わが国や諸外国の法体制の有効性を、長期にわたって綿密にモニタリングすることが必要となるだろう。

国内法上の動物福祉確保の観点からは、主として二つの点に注目しておくべきだろう。一つ目は、法律上の規定に従って動物を殺処分するときの方法の問題である。たとえば伝染病のまん延を回避するため、やむなく膨大な数の家畜を処分する必要が生じたときに、どのような方法で処分するのが動物福祉の見地から適切であるか、という問題が重要である。

家畜伝染病予防法や狂犬病予防法は殺処分の仕方についてはくわしい定めをもたないが、動物愛護管理法には、動物を殺す場合の方法についての規定があり、「動物を殺さなければならない場合には、できる限りその動物に苦痛を与えない方法によってしなければならない」としている。環境大臣は関係行政機関の長と協議して、当該方法について必要な事項を定めることができる。

この「必要な事項の定め」として、「動物の殺処分方法に関する指針」（平成一九年一一月一二日環境省告示第一〇五号）が存在する。

同指針は、「管理者及び殺処分実施者は、動物を殺処分しなければならない場合にあっては、殺処分動物の生理、生態、習性等を理解し、生命の尊厳性を尊重することを理念として、その動物に苦痛を与えない方法によるよう努めるとともに、殺処分動物による人の生命、身体又は財産に対する侵害及び人の生活環境の汚損を防止するよう努めること」という一般原則を述べたうえで、「殺処分動物の殺処分方法は、化学的又は物理的方法により、できる限り殺処分動物に苦痛を与えない方法を用いて当該動物を意識の喪失状態にし、心機能又は肺機能を非可逆的に停止させる方法によるほか、社会的に容認されている通常の方法によること」と定めている。

このような法令に照らしてみると、たとえ経済的に安上がりであっても、動物に無用な苦痛を与える方法での殺処分は許されない。上記の指針に合致し、まん延防止のための迅速な殺処分を可能ならしめ、かつ、処分される家畜に苦痛を与えない方法が、今後も研究・開発されるべきである。

二つ目は、伝染病予防とまん延拡大のための家畜やペットの飼育方式をめぐって、動物個体の福祉確保の要請と公衆衛生上の必要性の間で、なんらかの調整が必要になる可能性があるということである。

現代的な大規模畜産の方式、たとえば、多段式ケージ（バタリーケージ）による鶏の飼育は、これまでは主として「動物の福祉」という観点から、その適切性が議論されてきた。実際、畜産動物の福祉に関心の高いヨーロッパでは、狭隘な多段式ケージによる飼育を早くから禁止している国（たとえばスイス）もあるし、EU全体としても二〇一二年までに全廃された（佐藤衆介、二〇〇五年）。

一方、この問題は危険防除とも関連している。わが国でも、近年の鳥インフルエンザの発生は、いったん伝染性疾病が発生したときの、被害の大きさやおそろしさを、新聞報道やテレビのニュースの映像を通じてまざまざとみせつけた。畜産動物の福祉という問題意識がヨーロッパに比べて薄いわが国でも、畜産動物の福祉の問題と危険防除の問題が、あわせて議論される時代が早晩到来するだろう。動物の福祉の要請を満たし、かつ、危険防除の観点からも適切な飼方はどのような方法か、という課題である。

そこには、畜産動物飼育の稠密度や規模という「量」の問題だけでなく、飼育の「質」についての問題もある。たとえば、動物と外部の接触をできるかぎり遮断すれば、当該動物は伝染病に罹患する可能性が低くなる。実際、本章で紹介した「高病原性鳥インフルエンザに関する特定家畜伝染病防疫指針」でも、野鳥などの侵入をいかに防ぐか、ということに腐心している。

ところで、飼育する動物を外部から遮断することで、動物福祉の観点からは複雑な問題が生じる可能性もある。

たとえば飼猫を戸外に自由に出してよいか、という身近な問題を考えてみる。二〇〇六年二月の報道によると、ドイツ北東部のリューゲン島で見つかった死んだ猫が鳥インフルエンザ（H５N１型）に感染していたことが、ドイツ連邦保健当局の発表で明らかになった。衛生当局は周辺住民に対して、猫は室内で飼い、犬は綱につなぐよう命じたという。

わが国でも、猫の適正な飼方とはいったいどのようなことか、とくに、室内飼いをどの程度徹底すべきかをめぐって、しばしば論争が起きている。

法的な見地から重要なのは、「家庭動物等の飼養及び保管に関する基準」（平成二五年、環境省告示八二号）である。同基準の第５は「猫の飼養及び保管に関する基準」と題され、「猫の所有者等は、周辺環境に応じた適切な飼養及び保管を行うことにより人に迷惑を及ぼすことのないよう努めること」という一般論に続けて、「猫の所有者等は、疾病の感染防止、不慮の事故防止等猫の健康及び安全の保持並びに周辺環境の保全の観点から、当該猫の室内飼養に努めること」と規定している。ここからわかるように、猫の室内飼養を推奨する根拠としては、猫の健康・安全の確保と周辺環境の保全が併記されている。

ドイツで起こった猫への鳥インフルエンザの感染は、いまのところ例外的な出来事のようであり、過剰反応をすべきではないが、将来不幸にして鳥インフルエンザの感染がさらに拡大し、被害がペットの猫にまでおよぶ事態が生じるようなことがあれば、厳格な室内飼い（猫の本来の習性に合致する飼方かどうかは議論がありうるかもしれない）がいっそう奨励される可能性は高い。その際には、猫の健康・安全や周辺環境保全の確保という観点に加え、伝染病のまん延阻止という公衆衛生上の考慮が、強い根拠としてそこに加えられるはずである。

このような仮定的な状況では、動物個体の福祉のための感染回避の要請が、当該動物を隔離し外部との交流を遮断するという厳格な管理によってのみ実現することになるから、家畜伝染病予防法の対象にならないペット動物までも巻き込んで、動物の「保護」と「管理」の重なり合いがますます強調されることだろう。

第6章——人と動物が住む生態系をまもる　外来生物法

1　外来生物問題

第4章では、人が動物個体をまもるための法律である動物愛護管理法を、第5章では、人を動物からまもるための家畜伝染病予防法、牛海綿状脳症対策特別措置法、狂犬病予防法を、それぞれ概観した。これらの法律は、人と動物の間に生じる直接的な侵害と、そこからの保護という局面を、主として規律するものであった。

本章では、特定の外来生物種の飼養・輸入等を規制し、それら外来生物種を防除することにより、人と動物が住む生態系を保護し、それによって、人と動物の両者を間接的に保護しようとする「特定外来生物による生態系等に係る被害の防止に関する法律」（以下、外来生物法）の成立経緯と、その内容を紹介する。

動物愛護管理法、家畜伝染病予防法、牛海綿状脳症特別措置法、狂犬病予防法が、いずれも動物の「個体」と人間の関係を念頭に置いているのに対し、外来生物法は、人と動物が住む生態系をまもり生物多様性を保全しようとする巨視的な視点に立つ法律である。また、前者の三法律が、あるいは、一九世紀から連綿と続く動物保護思想に裏打ちされ、あるいは、伝染病という因果関係がわかりやすい侵害現象（ＢＳＥの発症メカニズムには未解明の部分があるが）を扱うものであるのに対し、外来生物法は、生態系の破壊や遺伝的攪乱を防止して生物多様性を守り、それによって人間や動物の利益を守るという、因果関係が複雑に入り組んだ問題を扱う。

このような現代的な法律の制定の動きが加速したのは、一九九〇年代のことである。

わが国は、一九九三年（平成五年）に「生物の多様性に関する条約」（以下、生物多様性条約）を批准した。生物多様性条約は、「生物の多様性の保全、その構成要素の持続可能な利用及び遺伝資源の利用から生ずる利益の公正かつ衡平な配分をこの条約の関係規定に従って実現することを目的とする」と、幅広く規定しているが、以下では「生物多様性の保全」という側面だけに、焦点をしぼる。

また、条約の定義上、「生物の多様性」とは、「すべての生物（陸上生態系、海洋その他の水界生態系、これらが複合した生態系その他生息又は生育の場のいかんを問わない）の間の変異性をいうものとし、種内の多様性、種間の多様性及び生態系の多様性を含む」とされているが、以下の記述では動物だけを対象とし、植物はさしあたり議論から除外する。定義規定のなかに使われている「生態系」

というキーワードにも、条約は明文で定義を与えており、「植物、動物及び微生物の群集とこれらを取り巻く非生物的な環境とが相互に作用して一の機能的な単位を成す動的な複合体をいう」としている。

生物多様性条約は、保全および持続可能な利用のための一般的な措置を定め、締約国に、状況と能力に応じ、生物の多様性の保全を目的とする国家的な戦略もしくは計画を作成することを求めている。また、生物の生育域内保全をめざす立場から、生態系、生息地もしくは種を脅かす外来種の導入を防止し、またはそのような外来種を制御し、もしくは撲滅することも要求している。

条約上のこの要請を受けて、政府は、一九九五年（平成七年）に「生物多様性国家戦略」を、二〇〇二年（平成一四年）に「新・生物多様性国家戦略」（以下、新戦略）を、そして二〇〇七年（平成一九年）に「第三次生物多様性国家戦略」（以下、第三次戦略）を策定している。

これらの戦略は、それぞれ閣議決定されているものであるが、法的な位置づけを欠いていたために、その実効性に疑問が生じていた。しかし、二〇〇八年（平成二〇年）に「生物多様性基本法」が成立し状況が変わった。同法は、政府に生物の多様性の保全および持続的な利用に関する基本的な計画（国家戦略）の策定を義務づけた。つまり、それにより戦略が法定の計画と位置づけられたため、戦略の実効性がいっそう高まることが期待されている。

第三次戦略は、二〇一二年（平成二四年）九月にさらに見直され、最新の戦略（以下、最新戦略）は、「生物多様性国家戦略二〇一二–二〇二〇――豊かな自然共生社会の実現に向けたロードマップ」

と題されている。国家戦略が、この時期に見直された背景は二つある。一つは、二〇一〇年（平成二二年）一〇月に愛知県で開催された生物多様性条約第一〇回締約国会議（ＣＯＰ10）で、生物多様性に関する世界目標（愛知目標）が採択され、各国はその達成に向けた国別目標を設定し、生物多様性国家戦略に反映することを求められたことである。もう一つは、二〇一一年（平成二三年）三月の東日本大震災の発生や人口減少の進展をはじめとした昨今の社会状況をふまえ、これまでの人と自然の関係をいま一度見つめ直し、今後の自然共生社会のあり方を示すことが必要になったことである。

最新戦略においては、わが国の生物多様性の危機の構造が分析され、つぎの四つの危機が指摘されている。

〈第一の危機〉開発など人間活動による危機
〈第二の危機〉自然に対する働きかけの縮小による危機
〈第三の危機〉人間により持ち込まれたものによる危機
〈第四の危機〉地球環境の変化による危機

本章でおもに問題になるのは第三の危機である。マングース、アライグマ、オオクチバスなど、野生生物の本来の移動能力を超えて、人為によって意図的・非意図的に国外や国内のほかの地域から導入された生物が、地域固有の生物相や生態系を改変するという脅威のほか、家畜やペットが野外に定着して生態系に影響を与える例もある。とりわけほかの地域と隔絶し、固有種の多い島嶼の生態系は、この影響を強く受ける。

第一から第三の危機については、すでに新戦略や第三次戦略でも指摘されていたところであり、その認識を受けて、二〇〇二年の新戦略では、移入種（外来種）問題への対応が論じられた。移入種（外来種）がひとたび定着した場合には根絶することがきわめて困難であり、侵入の予防を重点に考えることが効果的な対策であるから、①国内や地域内ですでに定着して影響を生じている生物種、定着していないが定着した場合には影響が懸念される注意を要する生物種のリストの作成、②国内や地域内で定着していない生物の新たな利用に先立つ影響評価の実施、③飼育動物のうち、放すこと、逃げだすことにより影響が生ずるおそれがあるものの管理、④貨物に付着しての移動など、意図せずに導入される生物の侵入経路の特定と侵入の予防、⑤注意を要する種の移入、定着に関するモニタリングと早期対応の実施、⑥定着している移入種（外来種）のうち影響の軽減が必要なものの排除・管理、⑦これらの対策に必要な体制、資金の確保、といった取組を着実に進めていく必要があるとした。

新戦略が発表された翌年の二〇〇三年（平成一五年）一月一〇日に、中央環境審議会は環境大臣より「移入種対策に関する措置の在り方について」の意見を求められ、野生生物部会に移入種対策小委員会を設置し、計一〇回にわたる審議の結果、二〇〇三年一二月に、「移入種対策に関する措置の在り方について」という報告をとりまとめた。

同報告は、国外から導入された生物について、少なくとも、脊椎動物で一〇八種、昆虫類で二四六種が外来生物として定着しているとした。

このような外来種のなかには、生物多様性を破壊してしまうものや、農林水産業、人の生命・身体への著しい影響等を生じさせるものがあり、自然状態では生じえなかった影響を人為的（意図的なもののみならず非意図的なものも含む）にもたらすものとして問題となっており、これらはとくに「侵略的な外来種」といわれている。ややきつい印象を与える表現であるが、それ自体が「悪い生物」という意味ではなく、たまたま、当該外来生物が人為的に導入された場所の条件が、生態系に対する大きな影響を引き起こす要因をもっていたため、侵略的なものとなってしまう場合を指している。

報告は、そのような侵略的外来種による影響の具体的事例として、つぎにあげるような多様な危険性（ア〜キ）を指摘している。

ア　在来種の捕食
イ　在来種との競合・在来種の駆逐等
ウ　植生破壊等による生態系基盤の損壊
エ　交雑による遺伝的攪乱
オ　在来生物への病気・寄生虫の媒介等
カ　人の財産等（農林水産業等）への影響
キ　人の生命・身体への影響

報告の数えあげる具体例は、つぎのようなものである。

在来種の捕食の例としては、ハブとネズミ類の天敵としてインドから沖縄に導入されたフイリマングースがホントウアカヒゲなどの希少種や固有種を捕食していることや、沖縄に続いてフイリマングースが導入された奄美大島でも、同島固有のアマミノクロウサギなどを捕食していることが確認されている。また、当初水産魚種として導入され、その後釣魚として全国各地の陸水域に分布を広げたオオクチバスが、在来の魚類や甲殻類等を捕食している。同じくブルーギルも幅広い食性を有し、個体数の増加も速いことから、地域の陸水生態系に大きな影響を与えている。

在来種との競合・在来種の駆逐等の例としては、ホンドテンがエゾクロテンを、チョウセンイタチがニホンイタチを駆逐しながら分布域を広げた事例がある。

植生破壊等による生態系基盤の損壊の例としては、一八三〇年代に小笠原諸島に持ち込まれたヤギが放置され、野生化してノヤギとなり、裸地化を進行させている。また、石川県の七ツ島大島では、カイウサギによって植生が破壊され、裸地化および土壌流出を生じさせ、オオミズナギドリの営巣環境が脅かされている。

交雑による遺伝的攪乱の例としては、和歌山県や青森県でタイワンザルの野生化がみられ、和歌山県では、ニホンザルと交雑し、両種の特徴をあわせもった個体が確認されている。また、絶滅危惧種のニッポンバラタナゴが生息する陸水域に、外来種のタイリクバラタナゴが入り込み、交雑していることが確認されている。

在来生物への病気・寄生虫の媒介等の例としては、セイヨウオオマルハナバチがマルハナバチポリプダニを媒介することが知られており、在来種であるマルハナバチへの影響が懸念されている。

人の財産等（農林水産業等）への影響の例としては、アライグマやフイリマングースによる農作物の直接的な食害、オオクチバスやブルーギルが琵琶湖の漁業対象種を捕食する被害などが報告されている。

人の生命・身体への影響の例としては、アライグマが人畜共通感染症や狂犬病を媒介する可能性が指摘されており、同様に国外からペット等として導入する生物が病原生物やウイルスを媒介し、新規の伝染病をもたらす可能性がある。また、人に直接危害をおよぼすことが危惧される外来種として、カミツキガメがあげられる。成長すると体重二〇キログラムに達し、顎の力が強いことから、噛みつきによる事故の発生が心配されている。その他、セアカゴケグモやサソリ類のような有毒の動物も人に危害をもたらす可能性がある。

こういった多様な危険性をもつ外来生物が入ってくる経路は複数ある。まず、人間が意図的に放したり、遺棄したりしたものがある。ハブの駆除を目的としたフイリマングース、サトウキビ畑の害虫の捕食を期待されたオオヒキガエル、幼体が大量に輸入され、「ミドリガメ」の名称で販売、飼養され、大きくなった成体が野外に遺棄されることが多いミシシッピアカミミガメがその例である。動物園などの動物が過失により逸出し、定着する例もある。このほか、人や物の移動にともなって、人や物資に紛れて非意図的に導入された外来種もある。アメリカシロヒトリ、アルゼンチンアリ、セアカゴケグモ、イッカククモガニ、ムラサキイガイ等がこの例である。

以上が報告の示した具体的認識であるが、従来から、このような外来種に対する法的規制がまったくなかったわけではない。

たとえば、公衆衛生の見地から「感染症の予防及び感染症の患者に対する医療に関する法律」によりサル等の指定動物輸入が禁止され、「狂犬病予防法」は、動物由来感染症の観点から指定する動物の輸入禁止や検疫を義務づけている。畜産振興の目的では、「家畜伝染病予防法」があり、みつばちを含む家畜の検疫等の措置を定めている。漁業振興を目的とする「水産資源保護法」は、防疫上の観点から、鯉等に関して輸入を許可制としている。希少野生動植物の保護という観点からワシントン条約（絶滅のおそれのある野生動植物の種の国際取引に関する条約）の附属書に記載されている動物種については、外為法により、輸入時に輸出国の政府機関の発行する証明書が求められ、輸入承認が必要である。動物愛護管理法は、いわゆる愛護動物（哺乳類・鳥類・爬虫類の一部）の遺棄を禁止している。希少動植物種の保護を目的とする、種の保存法（絶滅のおそれのある野生動植物の種の保存に関する法律）により、種の保存のためとくに必要がある区域で、希少野生動植物種の個体の生息または生育に支障をおよぼすおそれのある指定動物種の個体を放つことを禁止することも可能である。

しかし、これらの諸法律は、いずれも、生物多様性の保全を直接の目的とはしていないところに限界があった。

2　外来生物法

そのような状況のもと、二〇〇四年（平成一六年）に外来生物法が成立した。

法の目的は、「特定外来生物の飼養、栽培、保管又は運搬、輸入その他の取扱いを規制するとともに、国等による特定外来生物の防除等の措置を講ずることにより、特定外来生物による生態系等に係る被害を防止し、もって生物の多様性の確保、人の生命及び身体の保護並びに農林水産業の健全な発展に寄与することを通じて、国民生活の安定向上に資すること」である。

特定外来生物の定義は、「海外から我が国に導入されることによりその本来の生息地又は生育地の外に存することとなる生物（その生物が交雑することにより生じた生物を含む。以下「外来生物」という）であって、我が国にその本来の生息地又は生育地を有する生物（以下「在来生物」という）とその性質が異なることにより生態系等に係る被害を及ぼし、又は及ぼすおそれがあるものとして政令で定めるものの個体（卵、種子その他政令で定めるものを含み、生きているものに限る。）及びその器官（飼養等に係る規制等のこの法律に基づく生態系等に係る被害を防止するための措置を講ずる必要があるものであって、政令で定めるもの（生きているものに限る。）に限る。）をいう」とされている。

表 6.1　特定外来生物による生態系等に係る被害の防止に関する法律にもとづき規制される生物のリスト（哺乳類，鳥類，爬虫類，両生類，魚類のみ）

（2015 年 10 月 1 日現在）

<table>
<tr><th>分類群</th><th>目</th><th>科</th><th>属</th><th>特定外来生物</th><th>未判定外来生物</th><th>種類名証明書の添付が必要な生物</th></tr>
<tr><td rowspan="18">哺乳類
Mammalia</td><td rowspan="4">カンガルー目
Marsupialia</td><td rowspan="2">オポッサム
Didelphidae</td><td>ディデルフィス（オポッサム）
Didelphis</td><td>なし</td><td>オポッサム属の全種</td><td rowspan="4">オポッサム科及びクスクス科の全種</td></tr>
<tr><td>オポッサム科の他の全属</td><td>なし</td><td>なし</td></tr>
<tr><td rowspan="2">クスクス
Phalangeridae</td><td>フクロギツネ
Trichosurus</td><td>フクロギツネ
（*T. vulpecula*）</td><td rowspan="2">クスクス科の全種
ただし，次のものを除く．
・フクロギツネ</td></tr>
<tr><td>クスクス科の他の全属</td><td>なし</td></tr>
<tr><td rowspan="2">モグラ目
Insectivora</td><td rowspan="2">ハリネズミ
Erinaceidae</td><td>エリナケウス（ハリネズミ）
Erinaceus</td><td>ハリネズミ属の全種</td><td>なし</td><td rowspan="2">ハリネズミ属，アフリカハリネズミ属，オオミミハリネズミ属，*Mesechinus* 属の全種</td></tr>
<tr><td>アテレリクス（アフリカハリネズミ）
Atelerix
ヘミエキヌス（オオミミハリネズミ）
Hemiechinus
メセキヌス
Mesechinus</td><td>なし</td><td>アフリカハリネズミ属全種
オオミミハリネズミ属全種
Mesechinus 属全種
ただし，次のものを除く．
・ヨツユビハリネズミ
A. albiventris</td></tr>
<tr><td rowspan="5">霊長目（サル目）
Primates</td><td rowspan="5">オナガザル
Cercopithecidae</td><td rowspan="5">マカカ
Macaca</td><td>タイワンザル
（*M. cyclopis*）</td><td rowspan="3">*Macaca* 属の全種
ただし，次のものを除く．
・タイワンザル
・カニクイザル
・アカゲザル
・ニホンザル
（*M. fuscata*）</td><td rowspan="3">*Macaca* 属の全種</td></tr>
<tr><td>カニクイザル
（*M. fascicularis*）</td></tr>
<tr><td>アカゲザル
（*M. mulatta*）</td></tr>
<tr><td>タイワンザル×ニホンザル
（*M. cyclopis* × *M. fuscata*）</td><td rowspan="2">*Macaca* 属に属する種間の交雑により生じた生物
ただし，次のものを除く．
・タイワンザル×ニホンザル
・アカゲザル×ニホンザル</td><td rowspan="2">*Macaca* 属に属する種間の交雑により生じた生物</td></tr>
<tr><td>アカゲザル×ニホンザル
（*M. mulatta* × M. fuscata）</td></tr>
<tr><td rowspan="7">ネズミ目
Rodentia</td><td>パカ
Agoutidae</td><td>パカ科の全属</td><td>なし</td><td>なし</td><td rowspan="4">パカ科，フチア科，パカラナ科，ヌートリア科の全種</td></tr>
<tr><td>フチア
Capromyidae</td><td>フチア科の全属</td><td>なし</td><td>なし</td></tr>
<tr><td>パカラナ
Dinomyidae</td><td>パカラナ科の全属</td><td>なし</td><td>なし</td></tr>
<tr><td>ヌートリア
Myocastoridae</td><td>ヌートリア
Myocastor</td><td>ヌートリア
（*M. coypus*）</td><td>なし</td></tr>
<tr><td rowspan="3">リス
Sciuridae</td><td rowspan="2">カルロスキウルス（ハイガシラリス）
Callosciurus</td><td>クリハラリス（タイワンリス）
（*C. erythraeus*）</td><td rowspan="2">ハイガシラリス属の全種
ただし，次のものを除く．
・クリハラリス（タイワンリス）
・フィンレイソンリス</td><td rowspan="3">リス科の全種</td></tr>
<tr><td>フィンレイソンリス
（*C. finlaysonii*）</td></tr>
<tr><td>プテロミュス
Pteromys</td><td>タイリクモモンガ
（*P. volans*）
ただし，次のもの</td><td>なし</td></tr>
</table>

分類群	目	科	属	特定外来生物	未判定外来生物	種類名証明書の添付が必要な生物
				を除く． ・エゾモモンガ (*P. volans orii*)		
			スキウルス（リス） *Sciurus*	トウブハイイロリス (*S. carolinensis*)	リス属の全種 ただし，次のものを除く． ・トウブハイイロリス ・ニホンリス（*S. lis*） ・キタリス（エゾリス）	
				キタリス（*S. vulgaris*） ただし，次のものを除く． ・エゾリス（*S. vulgaris orientis*）		
			リス科の他の全属	なし	なし	
		ネズミ Muridae	マスクラット *Ondratra*	マスクラット (*O. zibethicus*)	なし	マスクラット属の全種
	食肉目 （ネコ目） Carnivora	アライグマ Procyonidae	プロキュオン （アライグマ） *Procyon*	アライグマ (*P. lotor*)	なし	アライグマ属の全種
				カニクイアライグマ (*P. cancrivorus*)		
		イタチ Mustelidae	イタチ *Mustela*	アメリカミンク (*M. vison*)	イタチ属の全種 ただし，次のものを除く． ・オコジョ（*M. erminea*） ・ニホンイタチ (*M. itatsi*) ・イイズナ（*M. nivalis*） ・フェレット (*M. putoriusfuro*) ・チョウセンイタチ（*M. sibilica*） ・アメリカミンク	イタチ属の全種
		マングース Herpestidae	エジプトマングース *Herpestes*	フイリマングース (*H. auropunctatus*)	マングース科の全種 ただし，次のものを除く． ・フイリマングース ・ジャワマングース ・シママングース ・スリカタ属全種 (*Suricata* 属) ※ミーアキャット (*S. suricatta*) も該当	マングース科の全種
				ジャワマングース (*H. javanicus*)		
			シママングース *Mungos*	シママングース (*M. mungo*)		
			マングース科の他の全属	なし		
	偶蹄目 （ウシ目） Artiodactyla	シカ Cervidae	アキシスジカ *Axis*	アキシスジカ属の全種	なし	アキシスジカ属，シカ属，ダマシカ属の全種及びシフゾウ
			シカ *Cervus*	シカ属の全種 ただし，次のものを除く． ・ホンシュウジカ (*C. nippon centralis*) ・ケラマジカ（*C. nippon keramae*） ・マゲシカ (*C. nippon mageshimae*) ・キュウシュウジカ（*C. nippon nippon*） ・ツシマジカ (*C. nippon pulchellus*) ・ヤクシカ (*C. nippon*		

分類群	目	科	属	特定外来生物	未判定外来生物	種類名証明書の添付が必要な生物
				yakushimae)		
			ダマシカ *Dama*	ダマシカ属の全種		
			シフゾウ *Elaphurus*	シフゾウ (*E. davidianus*)		
			ムンティアクス (ホエジカ) *Muntiacus*	キョン (*M. reevesi*)	ホエジカ属の全種 ただし，次のものを除く． ・キョン	ホエジカ属の全種
鳥綱 Aves	カモ目 Anseri-formes	カモ科 Anatidae	ブランタ *Branta*	カナダガン (*B. canadensis*)	ブランタ属の全種 ただし，次のものを除く． ・カナダガン (*B. canadensis*) ・シジュウカラガン (*B. huhutchinsii.* Leucopareia) ・ヒメシジュウカラガン (*B. h. minima*) ・コクガン (*B. bernicla*)	ブランタ属の全種
	スズメ目 Passeri-formes	チメドリ Timaliidae	ガルルラクス (ガビチョウ) *Garrulax*	ガビチョウ (*G. canorus*)	チメドリ科の全種 ただし，次のものを除く． ・ガビチョウ ・カオジロガビチョウ ・カオグロガビチョウ ・ソウシチョウ	チメドリ科の全種
				カオジロガビチョウ (*G. sannio*)		
				カオグロガビチョウ (*G. perspicilla-tus*)		
			レイオトリクス (ソウシチョウ) *Leiothrix*	ソウシチョウ (*L. lutea*)		
			チメドリ科の他の全属	なし		
爬虫綱 Repti-lia	カメ目 Testudi-nata	カミツキガメ Chelydridae	ケリュドラ (カミツキガメ) *Chelydra*	カミツキガメ (*C. serpentina*)	なし	カミツキガメ科の全種
			カミツキガメ科の他の全属	なし	なし	
	トカゲ亜目 Squama-ta	タテガミトカゲ (イグアナ) Iguanidae (Polychrot-idae)	アノリス (アノール) *Anolis*	アノリス・アルログス (*A. allogus*)	アノール属及び *Norops* 属の全種 ただし，次のものを除く． ・アノリス・アルログス ・アノリス・アルタケウス ・アノリス・アングスティケプス ・グリーンアノール ・ナイトアノール ・ガーマンアノール ・アノリス・ホモレキス ・ブラウンアノール	アノール属及び *Norops* 属の全種
				アノリス・アルタケウス (*A. alutaceus*)		
				アノリス・アングスティケプス (*A. angusticeps*)		
				グリーンアノール (*A. carolinensis*)		
				ナイトアノール (*A. equestris*)		
				ガーマンアノール (*A. garmanni*)		
				アノリス・ホモレキス (*A. homolechis*)		
				ブラウンアノール (*A. sagrei*)		

分類群	目	科	属	特定外来生物	未判定外来生物	種類名証明書の添付が必要な生物
			ノロプス *Norops*	なし		
	ヘビ亜目	ナミヘビ Colubridae	ボイガ （オオガシラ） *Boiga*	ミドリオオガシラ （*B. cyanea*） イヌバオオガシラ （*B. cynodon*） マングローブヘビ （*B. dendrophila*） ミナミオオガシラ （*B. irregularis*） ボウシオオガシラ （*B. nigriceps*）	オオガシラ属の全種 ただし，次のものを除く． ・ミドリオオガシラ ・イヌバオオガシラ ・マングローブヘビ ・ミナミオオガシラ ・ボウシオオガシラ	オオガシラ属及びチャマダラヘビ属の全種
			プサモデュナステス （チャマダラヘビ） *Psammodynastes*	なし	なし	
			エラフェ （ナメラ） *Elaphe*	タイワンスジオ （*E. taeniura friesi*）	スジオナメラ（*E. taeniura*） ただし，次のものを除く． ・タイワンスジオ ・サキシマスジオ （*E. taeniura schmackeri*）	スジオナメラ及びホウシャナメラ
		クサリヘビ Viperidae	プロトボトロプス （ハブ） *Protobothrops*	タイワンハブ （*P. mucrosquamatus*）	ハブ属の全種 ただし，次のものを除く． ・タイワンハブ ・サキシマハブ （*P. elegans*） ・ハブ（*P. flavoviridis*） ・トカラハブ（*P. tokarensis*）	ハブ属及びヤジリハブ属の全種
			ボトロプス （ヤジリハブ） *Bothrops*	なし	なし	
両生綱 Amphibia	無尾目 （カエル目） Anura	ヒキガエル Bufonidae	ブフォ （ヒキガエル） *Bufo*	プレーンズヒキガエル （*B. cognatus*） キンイロヒキガエル （*B. guttatus*） オオヒキガエル （*B. marinus*） アカボシヒキガエル （*B. punctatus*） オークヒキガエル （*B. quercicus*） テキサスヒキガエル （*B. speciosus*）	ヒキガエル属の全種 ただし，次のものを除く． ・プレーンズヒキガエル ・キンイロヒキガエル ・オオヒキガエル ・アカボシヒキガエル ・オークヒキガエル ・テキサスヒキガエル ・コノハヒキガエル ・ニホンヒキガエル（*B. japonicus*） ・ミヤコヒキガエル （*B. gargarizans miyakonis*） ・ナガレヒキガエル （*B. torrenticola*） ・テキサスミドリヒキガエル（*B. debilis*） ・ロココヒキガエル	ヒキガエル属の全種（ただし，幼生についてはカエル目全種）

分類群	目	科	属	特定外来生物	未判定外来生物	種類名証明書の添付が必要な生物
				コノハヒキガエル (*B. typhonius*)	(*B. paracnemis*) ・ナンブヒキガエル (*B. terrestris*) ・ガルフコーストヒキガル(*B. valliceps*) ・ヨーロッパミドリヒキガエル (*B. viridis*)	
		アマガエル Hylidae	ズツキガエル *Osteopilus*	キューバズツキガエル (キューバアマガエル) (*O. septentrionalis*)	ズツキガエル属の全種 ただし，次のものを除く． ・キューバズツキガエル	ズツキガエル属の全種（ただし，幼生についてはカエル目全種）
		ユビナガガエル Leptodactylidae	コヤスガエル *Eleutherodactylus*	コキーコヤスガエル (*E. coqui*)	オンシツガエル (*E. planirostris*)	コキーコヤスガエル，オンシツガエル（ただし，幼生についてはカエル目全種）
		アカガエル Ranidae	アカガエル *Rana*	ウシガエル (*R. catesbeiana*)	・ブロンズガエル (*R. clamitans*) ・ブタゴエガエル (*R. grylio*) ・リバーフロッグ (*R. heckscheri*) ・フロリダボッグフロッグ (*R. okaloosae*) ・ミンクフロッグ (*R. septentrionalis*) ・カーペンターフロッグ (*R. virgitipes*)	ウシガエル，ブロンズガエル，ブタゴエガエル，リバーフロッグ，フロリダボッグガエル，ミンクフロッグ，カーペンターフロッグ（ただし，幼生についてはカエル目全種）
		アオガエル Rhacorhoridae	シロアゴガエル *Polypedates*	シロアゴガエル (*P. leucomystax*)	シロアゴガエル属の全種 ただし，次のものを除く． ・シロアゴガエル	シロアゴガエル属の全種（ただし，幼生についてはカエル目全種）
条鰭亜綱（魚類）Osteichthyes	ナマズ Siluriformes	イクタルルス Ictaluridae	イクタルルス *Ictalurus*	チャネルキャットフィッシュ (*I. punctatus*)	*Ictalurus* 属の全種 ただし，次のものを除く． ・チャネルキャットフィッシュ	*Ictalurus* 属及び *Ameiurus* 属の全種
			アメイウルス *Ameiurus*	なし	*Ameiurus* 属の全種	
	パイク Esociformes	パイク Esocidae	パイク（カワカマス） *Esox*	ノーザンパイク (*E. lucius*)	カワカマス属の全種 ただし，次のものを除く． ・ノーザンパイク ・マスキーパイク	カワカマス属の全種
				マスキーパイク (*E. masquinongy*)		
	カダヤシ Cyprinodontiformes	カダヤシ Poeciliidae	ガンブスィア（カダヤシ） *Gambusia*	カダヤシ (*G. affinis*)	*G. holbrooki*	カダヤシ及び *G. holbrooki*
	スズキ Perciformes (Percoidei)	サンフィッシュ Centrarchidae	レポミス（ブルーギル） *Lepomis*	ブルーギル (*L. macrochirus*)	サンフィッシュ科の全種 ただし，次のものを除く． ・オオクチバス ・コクチバス ・ブルーギル	サンフィッシュ科，アカメ科及びナンダス科の全種
			ミクロプテルス（オオクチバス） *Micropterus*	コクチバス (*M. dolomieu*)		
				オオクチバス (*M. salmoides*)		
			サンフィッシュ科の他の全属 All other genera of Centrarchidae	なし		

<table>
<tr><th>分類群</th><th>目</th><th>科</th><th>属</th><th>特定外来生物</th><th>未判定外来生物</th><th>種類名証明書の添付が必要な生物</th></tr>
<tr><td rowspan="16"></td><td rowspan="16"></td><td>アカメ
Centropomidae</td><td>アカメ科全属
All genera of Centropomidae</td><td>なし</td><td>なし</td><td rowspan="2"></td></tr>
<tr><td>ナンダス
Nandidae</td><td>ナンダス科全属
All genera of Nandidae</td><td>なし</td><td>なし</td></tr>
<tr><td rowspan="4">モロネ
（狭義）
Moronidae</td><td>モロネ科の他の全属</td><td>なし</td><td rowspan="3">モロネ科の全種
ただし，次のものを除く．
・ストライプトバス
・ホワイトバス</td><td rowspan="3">モロネ科の全種</td></tr>
<tr><td rowspan="3">モロネ
Morone</td><td>ストライプトバス
（M. saxatilis）</td></tr>
<tr><td>ホワイトバス
（M. chrysops）</td></tr>
<tr><td>ホワイトバス×ストライプトバス
（M. chrysops × M. saxatillis）</td><td>モロネ科に属する種間の交雑により生じた生物
ただし，次のものを除く．
・ホワイトバス×ストライプトバス</td><td>モロネ科に属する種間の交雑により生じた生物</td></tr>
<tr><td rowspan="4">ペルキクティス
（狭義）
Percichthyidae</td><td>ガドプスィス
Gadopsis</td><td>なし</td><td>Gadopsis 属の全種</td><td rowspan="4">Gadopsis 属，Maccullochella 属，Macquaria 属及び Percichthys 属の全種</td></tr>
<tr><td>マクルロケルラ
Maccullochella</td><td>なし</td><td>Maccullochella 属の全種
ただし，次のものを除く．
・マーレーコッド（M. peelii）</td></tr>
<tr><td>マククアリア
Macquaria</td><td>なし</td><td>Macquaria 属の全種
ただし，次のものを除く．
・ゴールデンパーチ（M. ambigua）</td></tr>
<tr><td>ペルキクテュス
Percichthys</td><td>なし</td><td>Percichthys 属の全種</td></tr>
<tr><td rowspan="4">パーチ
Percidae</td><td>ギュムノケファルス
Gymnocephalus</td><td>なし</td><td>Gymnocephalus 属の全種</td><td rowspan="4">Gymnocephalus 属，Perca 属，Sander 属及び Zingel 属の全種</td></tr>
<tr><td>ペルカ
Perca</td><td>ヨーロピアンパーチ
（P. fluviatilis）</td><td>Perca 属の全種
ただし，次のものを除く．
・ヨーロピアンパーチ</td></tr>
<tr><td>サンデル（サンダー）
Sander
（Stizostedion）</td><td>パイクパーチ（S. lucioperca）</td><td>Sander 属全種
ただし，次のものを除く．
・パイクパーチ</td></tr>
<tr><td>ズィンゲル
Zingel</td><td>なし</td><td>Zingel 属全種</td></tr>
<tr><td rowspan="2">ケツギョ
Sinipercidae</td><td rowspan="2">スィニペルカ
（ケツギョ）
Siniperca</td><td>ケツギョ
（S. chuatsi）</td><td rowspan="2">ケツギョ属の全種
ただし，次のものを除く．
・ケツギョ
・コウライケツギョ</td><td rowspan="2">ケツギョ属の全種</td></tr>
<tr><td>コウライケツギョ
（S. scherzeri）</td></tr>
</table>

具体的にいうと、二〇一五年一〇月現在の指定種（哺乳類、鳥類、爬虫類、両生類、魚類のみ）のリストは、表6・1のとおりである。

外来生物法が定める特定外来生物に対する規制には、大きく分けて「飼養・輸入等の規制」と「防除」の二つがある。

まず、「飼養・輸入等の規制」であるが、特定外来生物の飼養・栽培・保管・運搬は、主務大臣の許可を受けた場合（学術目的での適正施設での飼養等）を除き、禁止される。許可を受けて飼養等する場合はマイクロチップを埋め込むなどの個体識別措置を講じる必要がある。

主務大臣は、違反者に対し、特定外来生物による生態系等の被害の防止のため必要があると認めるときは、その防止のために必要な限度において、当該特定外来生物の飼養等の中止、その飼養等の方法の改善、放出等をした当該特定外来生物の回収その他の必要な措置をとるべきことを命じることができる。

特定外来生物の輸入も原則的に禁止される。輸入できるのは、主務大臣の許可がある場合だけである。特定外来生物や後述する未判定外来生物は、輸入品やその容器・包装等に付着・混入している場合がある。そのおそれがあるときは、主務大臣はその職員に輸入品等の検査、関係者への質問、輸入品等の無償集取をさせることができる。実際に付着・混入していたときは消毒・廃棄を行う。

さらに、飼養等、輸入、譲渡等に係る特定外来生物は、その飼養施設の外で放出してはならない。ただし、特定外来生物の防除の推進に資する学術研究の目的で主務大臣の許可を得て行う放出等は例外的に許容される。

つぎに「防除」であるが、この措置は、特定外来生物による被害がすでに生じ、または、生じるおそれのある場合で、必要であると判断された場合に行われる。たとえば、外来生物法が施行される以前から特定外来生物がすでにわが国に定着してしまっていたり、すでに定着している外来生物があとから特定外来生物に指定されたり、特定外来生物が施設から逸走したりすると、それらを捕獲・殺処分したり、被害発生防止措置をとるといった「防除」を行う必要が生じる。

特定外来生物による生態系等に係る被害が生じ、または生じるおそれがある場合において、当該被害の発生を防止するため必要があるときは、主務大臣等が防除を行うことになる。その場合、関係都道府県の意見を聴いて、①防除の対象となる特定外来生物の種類、②防除を行う区域および期間、③当該特定外来生物の捕獲、採取または殺処分（以下「捕獲等」という）またはその防除を目的とする生殖を不能にされた特定外来生物の放出等その他の防除の内容、④その他、主務省令で定める事項、を公示する。

主務大臣等が行う防除により特定外来生物を捕獲する場合は、鳥獣保護法の規定は適用されない。また、防除を有効に行うため、防除に必要な限度において、他人の土地もしくは水面に立ち入り、特定外来生物の捕獲等をさせ、または当該特定外来生物の捕獲等の支障となる立木竹を伐採させることができる。ただし、それによって損失を受けた者に対して、通常生ずべき損失を、請求を待って国が補償する。

国は、防除の実施が必要となった場合、その原因となった行為をした者があるときは、その防除の実施が必要となった限度において、その費用の全部または一部を負担させることができる。

主務大臣以外の者による防除もある。たとえば、地方公共団体は、自ら行う特定外来生物の防除で前述の公示事項に適合するものについて、主務大臣のその旨の確認を受けることができる。また、国および地方公共団体以外の者（NPOなど）は、自ら行う特定外来生物の防除について、その者が適正かつ確実に実施することができ、上述公示事項に適合している旨の主務大臣の認定を受けることができる。これらの防除についても、鳥獣保護法の規定は適用されない。

現在、環境省のウェブサイトに「防除告示」（対象地域は全国または一部地域）が出ている対象動物種は多岐にわたり、フクロギツネ等複数種、ハリネズミ属全種、タイワンザル、アカゲザル、ヌートリア、クリハラリス、カニクイアライグマ、アライグマ、フイリマングース、キョン、ガビチョウ等複数種、カミツキガメ、グリーンアノール、ブラウンアノール等複数種、タイワンスジオ、タイワンハブ、オオヒキガエル、キューバズツキガエル等複数種、ウシガエル等複数種、チャネルキャットフィッシュ、ノーザンパイク等複数種、カダヤシ等複数種、ブルーギル、コクチバス、オオクチバス、きょくとうさそり科全種、テナガコガネ属複数種、セイヨウオオマルハナバチ等複数種、アルゼンチンアリ、アカカミアリ等複数種についての防除告示が出ている。

ところで、地球上には、特定外来生物種に指定された種以外にも、膨大な種類の生物が生息しているので、現在日本に持ち込まれていない種や、生態がよくわかっていない種が持ち込まれることにより、生態系が脅かされる可能性もある。

そのため、外来生物法は、特定外来生物のほかに「未判定外来生物」というカテゴリーを設けた。「在来生物とその性質が異なることにより生態系等に係る被害を及ぼすおそれがあるものである疑いのある外来生物として主務省令で定めるもの（生きているものに限る。）をいう」というのが、法律上の定義である。

具体的にどのような動物種が未判定外来生物に分類されているかについては、前掲の表6・1を再度ご覧いただきたい。

これらの未判定外来生物を輸入しようとする者は、あらかじめ、未判定外来生物の種類その他の事項を主務大臣に届け出なければならない。主務大臣は、届出があったときは、その届出を受理した日から六カ月以内に、当該未判定外来生物について、在来生物とその性質が異なることにより生態系等に係る被害をおよぼすおそれがあるか否かを判定し、その結果をその届出をした者に通知しなければならない。未判定外来生物を輸入しようとする者は、その未判定外来生物について在来生物とその性質が異なることにより生態系等に係る被害をおよぼすおそれがあるものでない旨の通知を受けたあとでなければ、その未判定外来生物を輸入することはできない。

特定外来生物または未判定外来生物に該当しないことの確認が容易にできる生物として主務省令で定めるもの以外の生物（生きているもの）は、当該生物の種類を証する外国の政府機関等により発行された証明書その他の主務省令で定める証明書を添付してあるものでなければ、輸入してはならない。

種類名証明書の添付が必要な動物種は前掲表6・1記載のとおりである。このような制限を設ける理由を説明すると、多様な目的（愛玩用、動物園用、研究用、食用、その他）でわが国に輸入される多様な動物について、いちいち特定外来生物や未判定外来生物との異同を判断するとしたら膨大な労力がかかるので、その負担を軽減するため、同定が容易でない生物については、外国の政府機関等の証明書の添付がなければ輸入してはならないことにしたのである。

なお、特定外来生物、未判定外来生物、種類名証明書が必要な生物については、輸入できる場所が、成田国際空港、中部国際空港、関西国際空港、福岡空港に限られている。

以上のような、法律上のルールに違反した場合には、刑罰が定められている。

たとえば、販売もしくは頒布する目的で特定外来生物の飼養等をした場合、偽りや不正の手段によって特定外来生物の飼養等の許可を得た場合、飼養等の許可を受けていないのに、特定外来生物を輸入した場合、飼養等の許可を受けていない者に対して、特定外来生物を販売もしくは頒布した場合、特定外来生物を施設外に放出した場合には、個人の場合、懲役三年以下または三〇〇万円以下の罰金（併科もあり）、法人の場合は一億円以下の罰金に処される。

また、販売もしくは頒布以外の目的で、特定外来生物の飼養等または譲渡等をした場合や、未判定外来生物を輸入してよいという通知を受けずに輸入した場合は、個人であれば懲役一年以下または一〇〇万円以下の罰金（併科もあり）、法人の場合は五〇〇〇万円以下の罰金に処される。

このとおり、特定外来生物が生態系におよぼす被害の大きさに鑑み、外来生物法は、個人にも法人にも、かなり重い刑罰を規定している。

3 残された課題

外来生物法の運用上、大きな困難をともなうのは、特定外来生物をどう指定するか、という問題である。

外来生物法では、主務大臣は、中央環境審議会の意見を聴いて特定外来生物による生態系等に係る被害を防止するための基本方針の案を作成し、これについて閣議の決定を求めることとされた。この基本方針は「特定外来生物被害防止基本方針」(以下、基本方針) といい、本法成立後の平成一六年一〇月一五日に閣議決定された。基本方針は平成二六年三月に変更が加えられている。

基本方針には、①特定外来生物による生態系等に係る被害の防止に関する基本構想、②特定外来生物の選定に関する基本的な事項、③特定外来生物の取扱いに関する基本的な事項、④国等による特定外来生物の防除に関する基本的な事項、⑤輸入品等の検査に係る基本的な事項、⑥その他特定外来生物による生態系等に係る被害の防止に関する重要事項、が述べられている。

総論的部分については、大方の合意を得られても、具体的な動物種の指定にあたって、種々の利害関係の対立が生じることが往々にしてある。そこで、②の「特定外来生物の選定に関する基本的な事項」について、基本方針の述べるところを確認しておこう。

基本方針のいう「選定の前提」はつぎの四つである。①わが国において生物の種の同定の前提となる生物分類学が発展し、かつ、海外との物流が増加したのが明治時代以降であることをふまえ、原則として、概ね明治元年以降にわが国に導入されたと考えるのが妥当な生物を特定外来生物の選定の対象とする。②個体としての識別が容易な大きさおよび形態を有し、特別な機器を使用しなくとも種類の判別が可能な生物分類群を特定外来生物の選定の対象とし、菌類、細菌類、ウイルス等の微生物は当分の間対象としない。③外来生物のうち、交雑することにより生じた生物には、その由来となる生物との交雑による後代の生物も特定外来生物に含めるものとする。④「遺伝子組換え生物等の使用等の規制による生物の多様性の確保に関する法律」（平成一五年法律第九七号）や「植物防疫法」（昭和二五年法律第一五一号）など他法令上の措置により、本法と同等程度の輸入、飼養その他の規制がなされていると認められる外来生物については、特定外来生物の選定の対象としない。

そのうえで、「被害の判定の考え方」として、以下、ア、イ、ウのいずれかに該当する外来生物を選定するとしている。

ア　生態系に係る被害をおよぼし、またはおよぼすおそれがある外来生物として、①在来生物の捕食、②生息地もしくは生育地または餌動植物等に係る在来生物との競合による在来生物の駆逐、③植生の破壊や変質等を介した生態系基盤の損壊、④交雑による遺伝的撹乱等により、在来生物の種の存続またはわが国の生態系に関し、重大な被害をおよぼし、またはおよぼすおそれがある外来生物を選定する。

イ　人の生命または身体に係る被害をおよぼし、またはおよぼすおそれがある外来生物として、危険の回避や対処の方法についての経験に乏しいため危険性が大きくなることが考えられる、人に重度の障害をもたらす危険がある毒を有する外来生物または重傷を負わせる可能性のある外来生物を選定する。なお、他法令上の措置の状況をふまえ、人の生命または身体に係る被害には、感染症に係る被害は含まない。

ウ　農林水産業に係る被害をおよぼし、またはおよぼすおそれがある外来生物として、たんにわが国の農林水産物に対する食性があるというだけではなく、農林水産物の食害等により、農林水産業に重大な被害をおよぼし、またはおよぼすおそれがある外来生物を選定する。なお、他法令上の措置の状況をふまえ、農林水産業に係る被害には、家畜の伝染性疾病等に係る被害は含まない。

これらは、中央環境審議会（野生生物部会・移入種対策小委員会）が平成一五年（二〇〇三年）一二月にとりまとめた「移入種対策に関する措置の在り方について」（前述）で示された考え方を、基本方針が踏襲したものである。

被害の判定の際には、生態系等に係る被害またはそのおそれに関する国内の科学的知見、および、国外で現に生態系等に係る被害が確認されており、または被害をおよぼすおそれがあるという科学的知見を活用する。ただし、国外の知見については、日本の気候、地形等の自然環境の状況や社会状況に照らし、国内で被害を生じるおそれがあると認められる場合にかぎり活用する。

選定の際の考慮事項としては、原則として生態系等に係る被害の防止を第一義に、外来生物の生態的特性や被害に係る現在の科学的知見の現状、適正な執行体制の確保、社会的に積極的な役割を果たしている外来生物に係る代替物の入手可能性など特定外来生物の指定にともなう社会的・経済的影響も考慮し、随時選定してゆく。また、外来生物の生態的特性および被害に係る科学的知見をふまえ、とくに、予防的観点から有効かつ適切な場合には、種の単位だけでなく、属、科等の単位で選定するよう努めるものとする。さらに、生態系等に係る被害をおよぼすことが懸念される外来生物の侵入初期の場合に、海外からのさらなる導入、野外への逸出または分布拡大などによる被害を防止するために、飼養等の規制の導入または緊急的な防除が早急に必要とされる際には、被害の判定に要する期間を極力短くするよう努めるものとする。なお、選定の結果については、可能なかぎりその判断の理由を明らかにするものとする。

選定の結果については、可能なかぎりその判断の理由を明らかにする。

選定にあたっては、生物の性質に関する専門の学識経験者からの意見聴取をし、パブリック・コメント手続を実施し、それも考慮する。

なお、基本方針には、未判定外来生物の選定や、種類名証明書の添付を要しない生物の選定といった事項についても、定められている。

このような前提と被害判定の方法にのっとり、具体的な生物種がこれまで複数回にわたり指定されてきた。

たとえば、オオクチバス（ブラックバス）は第一次指定の際に特定外来生物指定を受けたが、指定にいたるまでのプロセスは平坦なものではなく、激しい論争と曲折があった。

オオクチバスは北アメリカ原産で、繁殖力が旺盛で、希少魚種を含む在来魚種や水生昆虫や甲殻類を捕食するため、在来生物種を駆逐してしまう害魚、生態系破壊の原因であるとしばしば指摘されてきた。

その一方で、この魚は釣魚として人気があり、芦ノ湖、山中湖、河口湖、西湖の四湖では、漁協が漁業権（第五種共同漁業権）をもつ魚種にもなっている。そのため、特定外来生物への指定については、釣り上げた魚をふたたび湖沼に戻すいわゆる「キャッチ・アンド・リリース」の方法でバス釣りを楽しむ釣人や、バスフィッシングの振興に大きな経済的利害をもつ釣業界や地域からの反発を受けた。

論点は多岐にわたる。当初から論争となってきたのは、オオクチバスが生態系に与える影響（とくに在来魚の減少の原因かどうか）についての科学的評価の問題、オオクチバス駆除派には分布拡大の理由として「釣人による密放流」をあげる論者もいるが、その主張の妥当性（証拠の有無）の問題、バスフィッシングの社会的有用性（イメージダウンと経済的打撃）の問題などである。

最後の点につき補足しよう。財団法人日本釣振興会（以下、日釣振）という団体がある。同会は、一般の釣人、釣具店、釣具メーカー、釣関係団体等が会員となり、釣りの健全な振興を図るための事業活動を展開しており、バスフィッシングの振興を支持する立場から、平成一四年五月に「バスフィッシングの有用性と社会的意義」という文書をまとめている。

それによると、「現在、バスフィッシングは多くの若者を中心に広く釣り人や国民に支持され、我が国が古くから有してきた世界に誇れる多種多様な釣り文化の新たな一つとして、定着して」おり、①青少年に対する健全な育成効果、②「親子のふれあいや絆」や「コミュニケーション力」を深める効果、③国民のレクリエーションとしての効果、④経済効果と地域の活性化効果、⑤釣人が「水辺の監視人」として水辺環境の保全に貢献する効果、といった社会的意義をもつという。

このような立場をとる同会は、外来生物法の公布後、施行前（特定外来生物種の第一次指定がなされる前）に、「バス問題解決に向けての（財）日本釣振興会からの提案」（平成一六年一二月七日）という提言を発表し、環境美化への積極的な取組と地域貢献活動への協力、釣人のマナー・モラル向上の具体的行動と広報強化とともに、外来魚問題における今後の具体的かつ新たな取組として、「希少種の生息する湖沼等で、公的機関から生息数抑制の要望が出た場合、基本的に、釣り堀などの指定された閉鎖水域への移し替えを前提に、積極的に防除に協力してゆく」こと、「オオクチバスの生息数や生息域及び特性など、生態解明に向けて、モニタリングの積極的な協力を行う」ことなど、多岐にわたる提言を行った。

提案は、オオクチバスの特定外来種への指定如何にかかわらず提出するものだとされたが、「釣り人の理解が得られない中での指定は、非常に残念な事ですが、釣り人の協力は大幅に減少する事が予想されます」という付記もついている。ここには、オオクチバスの特定外来種指定をできれば避けたい、少なくとも混乱を避けるために先延ばしすべきだという立場が見え隠れしている。

日釣振がこのような提言を行ったところ、環境省の「特定外来生物等分類群専門家グループ会合（魚類）オオクチバス小グループ」が、オオクチバスの取扱いについて審議を重ねていた。そして、日釣振の提言の一月あまりあとの平成一七年一月一九日の会合において、同小グループは、同魚が現在広汎に利用されている実態や、いますぐオオクチバスが特定外来生物に指定されると釣人の間で混乱が起きるという釣関係者からの指摘をふまえて、オオクチバスの防除に関する共通認識を形成するために半年間指定を先送りし、その間に、学識経験者を中心に、環境省、水産庁、地方公共団体、漁業関係者、釣関係者等による合同調査委員会を設置し、防除指針の策定、生息・被害状況の把握、普及啓発方針の策定を行う方針をかためた。

ところが、その二日後の平成一七年一月二一日に、当時の小池百合子環境大臣が、オオクチバスの指定を先送りせず、最初から特定外来生物に指定すべきだという趣旨の発言をしたのをきっかけに状況が変わり、結局、オオクチバスは法施行と同時に行われる第一次指定の特定外来生物に入ることになった。

大臣発言を契機とした方針転換は、従来の論点に加えて、指定プロセスの適正という観点からも、釣関係者の反発を受ける結果となった。

しかし、オオクチバスの指定を急ぐべきだという立場からは、大臣のリーダーシップが賞賛された。たとえば、世界的ネットワークをもつＮＧＯである世界自然保護基金日本委員会（ＷＷＦジャパン）は、大臣発言の直後、「オオクチバスを、法施行時に特定外来生物に指定すべきであるという小池環境大臣の考えを強く支持する」という趣旨の緊急声明を即日発表した。

指定決定後に開催されたオオクチバス等防除推進検討会（平成一七年五月一七日）のヒアリングの段階では、指定に難色を示していた日釣振の幹部も、小池大臣の発言から急転直下指定へと流れが変わったことについて会員や釣人の理解が得られず、状況は混沌としている、とはしつつも、指定が決定された以上は、国の施策に協力をする方向で財団の幹部はまとまっている、と述べるにいたった。

かくして、法施行と同時に「ミクロプテルス・サルモイデス（オオクチバス）の防除に関する件」（農林水産省・環境省平成一七年告示第一四号）が出され、全国で、平成一七年六月三日から平成二三年三月三一日までの期間、オオクチバスの防除が行われることになった。防除の具体的内容としては、調査、捕獲・繁殖抑制・水抜き干し出し等、捕獲した個体の処分、飼養施設等からの逸失防止、モニタリングが行われる。なお、平成一七年六月三日付で環境省と水産庁は「オオクチバス等に係る防除の指針」を公表した。

もっとも、芦ノ湖、河口湖、西湖、山中湖四湖については、オオクチバスについて漁業権（第五種共同漁業権）が設定されており、バスフィッシングが地元経済に大きな影響をおよぼすために特例扱いとなった。平成二八年現在もその特例措置は続いている。

外来生物法の規定では、特定外来生物の飼養等は、学術研究目的等で飼養等をすることにつき主務大臣の許可を受けた場合や、防除に係る捕獲等やむをえない事由がある場合以外、原則として禁止されている。

しかし、「特定外来生物による生態系等に係る被害の防止に関する法律施行規則」（平成一七年五月二五日農林水産省・環境省令第二号）で、特定外来生物の指定の際、現に当該外来生物について漁業法に規定する共同漁業権が設定されている内水面を特定飼養施設とする際の基準は生物種ごとに主務大臣が別に告示で定めること、また、その許可条件についても生物種ごとに主務大臣が告示で定めることが規定された。

これを受けて、「第五種共同漁業権に係る特例を定める件」（平成一七年農林水産省・環境省告示第五号）が出され、オオクチバスの飼養等施設の基準、飼養等許可条件、取扱い方法について、詳細が定められた。施設の基準としては、湖外に接続する水路との接合部にオオクチバスが容易に逸出できない構造の網が三重に施してある（もしくはそれに代わる十分な逸出防止措置がなされている）ことが条件とされた。飼養等の許可の有効期限は三年間（更新可能）で、新たにオオクチバスを湖に入れる場合は、数量や譲り渡しの相手方や飼養等許可番号を主務大臣に届け出る。また、湖の周囲の見やすい場所に許可を受けている旨の標識を掲出すること、管理体制を遵守すること、湖外での飼養等をしないこと（新たにオオクチバスを湖内に入れるため一時的に湖外でする場合は除く）、湖外への持ち出しを防ぎ飼養状況の確認や施設の保守点検を行うため巡視等の管理体制を整備し監視状況を記録することと、湖内に飼養その他の取扱いが制限されているオオクチバスが存する旨の標識を公衆のみやすい場所に掲出すること、不測の事態によりオオクチバスが逸出した場合の回収体制を整備することなどが、告示で要求されている。

このような国の方針決定を受けて、河口湖・西湖の二湖をかかえる山梨県富士河口湖町は、基準に合う「三重の網」を湖外水路接合部に設置するとともに、平成一七年五月二三日の臨時議会において、「富士河口湖町特定飼養等施設からの特定外来生物逸出防止、持出し禁止（生体に限る）及び監視指導員設置に関する条例」を全会一致で可決し、即日公布・施行した。

同条例の前文には、「河口湖と西湖の二つの湖を有する富士河口湖町にとって、両湖は富士山と共に偉大な観光資源であり環境保全の象徴であるが、とりわけ水産業は社会的、経済的及び産業的に非常に重大な存在であり、これを振興することは当町の発展のために極めて重要である」という基本認識のもと、今般、外来生物法が施行されるにあたり、「町、町民、漁業協同組合、釣人及び関係事業者の責務を明確にして、相互に連携しながらこの法を順守することにより水産業の振興を図り、ひいては町の発展を促進するため」この条例を制定する旨が謳われている。

条例の具体的な内容はどうかというと、オオクチバスの湖外への逸出を防止し、持ち出すことを禁止するとともにこれを厳しく徹底するため監視指導員を設置し、水産業の振興と町の発展に資するという目的のもとに、町の責務、町民の責務、漁業共同組合の責務、釣人の責務、関係業者の責務がそれぞれ規定される。

第一に町の責務としては、基本的かつ総合的な施策を策定すること、町民に広く法の趣旨を周知し、協力を要請すること、漁業協同組合に対し逸出防止策や監視体制の整備等、法の順守と義務の履行を促すこと、釣人に法によるオオクチバス持ち出し禁止を周知徹底すること、釣舟業者および遊漁承認証販売業者等関係事業者に対し、利用者に法によるオオクチバス持ち出し禁止の周知を要請すること、法令順守の徹底を周知し、漁場環境を保全保護するために監視指導員を設置すること、漁業協同組合と連携を図り、漁業協同組合が実施すべき法や省令に定められた事務事業について、必要な調整および協力を行うことが定められた。

第二に町民の責務としては、河口湖ならびに西湖がかけがえのない財産であるとともに、偉大な観光資源であり水産業資源であることを認識し、町の付託に答え法の趣旨を十分に理解して、オオクチバス持ち出し防止に協力すべきものとする、とされた。

第三に漁業協同組合の責務として、逸出防止策や監視体制の整備等法ならびに省令の規定を順守するとともに、付された義務事項はすみやかにかつ的確にこれを履行すること、町が実施する水産業振興に関する施策に協力すべきものとする、とされた。

第四に釣人の責務として、善良な配慮をもって法の趣旨を順守し、釣り上げたオオクチバスを絶対に湖の外へ持ち出してはならない、とされた。

第五に関係事業者の責務として、釣舟業者および遊漁承認証販売業者等関係事業者は、法の趣旨を十分に理解し、利用者に対して、釣り上げたオオクチバスを絶対に湖の外へ持ち出してはならないことを周知するものとする、とされた。

また、本条例は、監視体制の整備という国からの要請を受けて「監視指導員」を設置することにしている。町は、オオクチバスの飼養を許可されている河口湖ならびに西湖からほかへの逸出や持ち出すことを防止するため、監視指導員を設置して町民に広く周知し、協力を要請するものとし、監視指導員は、定期的に湖畔等を巡回し、漁業協同組合、釣人および関係事業者等に法の趣旨の周知徹底を図り、違法行為や事故を確認した場合にはすみやかに漁業協同組合に連絡し、対応を協働するものとされた。報道によると、さっそく八〇〇人を超える町内ボランティアが、監視指導員に委嘱されたという。

富士河口湖町のすばやい対応には、オオクチバスの漁業権の特例をなんとか維持し続けたいという、切実な思いが感じられる。

このようにして、激しい論争を巻き起こしたオオクチバス論争は、オオクチバスを特定外来生物には指定しつつも、漁業権が設定されバス釣りがさかんな四湖について特例扱いを認め、厳格な逸出防止を条件として、当面は飼養等を許可するという変則的なかたちで決着した。

釣人の一部の間では、オオクチバスが特定外来生物に指定されるとバス釣り（キャッチ・アンド・リリース）が全面禁止になるという誤解もあったようだが、湖沼外への運搬・持ち出しにつき厳しい制限がついたものの、その点を守れば、従来どおりのバス釣りを続けることが、当該四湖では可能になった。

オオクチバス問題をめぐる議論では、そもそも生態系への悪影響の有無やその程度についても科学的評価の段階で意見の相違がある。しかし、生態系への悪影響があるという現行法の立場を前提とすると、生態系の保護を強調すれば、オオクチバスは例外なく徹底駆除されるのが望ましいということになろう。外来種問題を解決する基本は「生態系からの根絶」だからである（羽山伸一、二〇〇一年）。

さしあたり四湖は例外とするという妥協は、短期的ではっきりと実感できる経済的利益と、長期的ですぐには実感しがたい生態系的な利益を、現時点において比較考量した結果として社会的には穏当な決着であるが、またそれだけに徹底を欠く。

利益享受者の範囲やその利益の質（生態系的利益は最終的には種の存続にかかわる）からして、長期的には、後者の利益が優越すると考えるのが妥当だろう。したがって、現在は例外扱いとなっている四湖についても、生態系への影響のいっそう正確な科学的評価のためのデータを蓄積しつつ、逸出防止措置の実効性の検証と例外措置の妥当性が時々の状況を考慮しつつ長期的に議論され続けなければならない。

なお、外来生物法にもとづく防除活動により、捕獲した動物個体をどう扱うかという問題もある。生態系からの根絶と捕獲個体の殺処分は別の問題であるが、生態系から捕獲し隔離した個体を、人間の厳重な管理下に置く（動物園で飼育するなど）ことができない場合は、その個体は最終的には安楽死させるしかない。この際には、前章の終わりに論じた、家畜伝染病予防法にもとづく家畜の殺処分と同じ問題が生じる。

第7章――人が動物をつかう

身体障害者補助犬法

1 盲導犬・介助犬・聴導犬

前章までは、人が動物をまもり、あるいは、人を動物からまもる法を検討してきた。この章では「人が動物をつかう」という場面にかかわる法の一例をみよう。

その分野において、とくに大きな展開をみせた出来事は、身体障害者の日常生活を助ける犬についての「身体障害者補助犬法」(平成一四年)の制定であった。後述するようにこの法律により、「身体障害者補助犬」という新しい法律用語がつくられ、そのなかに盲導犬・介助犬・聴導犬の三つが含められた。

視覚障害者の歩行を助ける盲導犬は、日本社会にある程度浸透している。現在、わが国では約一〇

○○頭の盲導犬が働いている。街で盲導犬を連れた人とすれちがったり、電車やバスで盲導犬と乗り合わせたりした経験をおもちの読者もあろう。また、実際に出会った経験がなくても、盲導犬について紹介するテレビ番組も多く、盲導犬育成システムについて知識をもっている人は少なからずいる。

ところが、国民の認知度がかなり高く、社会の受け入れもそれなりに進んでいるようにみえる盲導犬であっても、身体障害者補助犬法ができるまで、「法律によって使用者や社会の権利・義務が規定されているかどうか」という観点からみると、法的な位置づけが希薄な存在であった。

たとえば、従来から法律の文言上に「盲導犬」という言葉が登場するわずかな例のひとつに、道路交通法の規定がある。同法一四条一項は、「目が見えない者は、道路を通行するときは、政令で定めるつえを携え、又は政令で定める盲導犬を連れていなければならない」としている。そして、それを受けた道路交通法施行令が、盲導犬を定義して、国家公安委員会の指定する法人が訓練した（または訓練を受けていると認めた）犬で、総理府令で定める白色または黄色の用具をつけたもの、としている。

ご覧のとおり、道路交通法の規定は、視覚障害者の安全と道路交通の円滑を確保するため、視覚障害者の白杖携行義務、盲導犬同伴義務を定めた規定である。盲導犬同伴者が交通機関や公共施設などを利用する権利や、交通機関や公共施設の盲導犬同伴者の受け入れ義務とは直接関係はない。

つまり、わが国では介助犬や聴導犬はおろか盲導犬ですら、輸送機関や公共施設の自由な利用を、法律上の権利としては保障されていなかったことになる。

もちろん、このことは、盲導犬の社会への受け入れを促進するための施策が行われてこなかったという意味ではない。そのような施策は、国会による法律の制定を通じた権利義務の設定という手段によらず、省令・告示・通達といった行政機関の命令や指導によって行われてきたのであった。具体的には、以下のような省令・告示・通達等が出されていた。

①「旅客自動車運送事業等運輸規則」（昭和三一年八月一日運輸省令四四号。平成九年三月一八日運輸省令第一三号で改正）
②「空港管理規則」（昭和二七年七月三日運輸省令四四号）
③「標準運送約款」（昭和六一年五月二六日運輸省告示第二五二号。平成七年三月二三日運輸省告示第二〇七号で改正）
④「盲導犬を連れた盲人の乗合バス乗車について」（昭和六一年二月一九日地自第二二号　各地方運輸局長あて地域交通局長通達）
⑤「盲導犬を連れている視覚障害者のタクシー乗車について」（平成九年六月一一日自旅第九七号の二　各地方運輸局長・沖縄総合事務局長あて自動車交通局長通達）
⑥「盲導犬を伴う視覚障害者の旅館、飲食店等の利用について」（平成元年六月五日社更第八二号都道府県知事、指定都市市長あて厚生省社会局長通知）
⑦「国民宿舎等休養施設の管理運営について」（昭和五五年九月四日環自施第三四四号　各都道府県

主管部長あて環境庁自然保護局施設整備課長通知）
⑧「身体障害者のホテル・旅館等の利用について」（平成三年四月一八日国振九五号　各宿泊業界団体あて運輸省国際運輸・観光局観光部長からの協力依頼）
⑨「身体障害者の入居に係る公営住宅の管理について」（昭和四八年一月二六日住総発第一四号　建設省住宅局長から都道府県知事あて）

①は、乗合自動車内に持ち込めないものとして「動物」と規定しつつも、カッコ書きのなかで「盲導犬及び愛玩用小動物を除く」としている。②も同様に、空港ターミナルビル内に動物を連れて立ち入ることを禁止するが、盲導犬は例外とする。これら二つは省令という形式の命令であるが、その他の通達等は、たんなる協力要請のかたちをとる。たとえば、⑥の通知は、「近時、盲導犬を伴う視覚障害者が公共施設、公共交通機関をはじめ、旅館、飲食店等の諸施設を利用しようとする機会が増えるにつれ、その利用を断られる等の事例も発生していると聞いている」と指摘したうえで、「関係各方面の理解と協力を得て円滑な受入れが行われるよう重ねて格段のご配慮をお願いするものである」と低姿勢に結ぶ。
また、⑧の文書では、視覚障害者がハーネスを装着した盲導犬を連れているときは、ほかの利用客の利用にも配慮しつつ、「積極的にその受入れに努めること」、身体障害者がホテル・旅館等の施設を利用するときの料金について、「他の利用客と差別しないよう努めること」としている。ここでは追

加料金なしの宿泊は盲導犬使用者の権利ととらえられておらず、受入れ側の「努力目標」とされているにすぎない。

⑨の住居に関する通達においては、「身体障害者が盲導犬（盲人が十分管理できるよう盲導犬学校等において所定の訓練をなしたもの）の利用を希望するときは、その飼育を認めることとすること」としているものの、あくまでも公営住宅の場合に限られる。

近年は、障害者の生活の「ノーマライゼーション」、ならびに、物理的・心理的な「バリアフリー」という理念が、さかんに提唱されるようになってきた。

ノーマライゼーションの原理を提唱するニィリエ（障害者問題に長年携わったスウェーデン人の理論家・実務家）によると、その原理は、「生活環境や彼らの地域生活が可能な限り通常のものと近いか、あるいは、全く同じようになるように、生活様式や日常生活の状態を、全ての知的障害や他の障害をもっている人々に適した形で、正しく適用すること」を意味している（ニィリエ、一九九八年）。

わが国でも、総理府に設置された障害者対策推進本部が平成七年に発表した「障害者プラン」では、ライフステージのすべての段階において全人格的復権をめざすリハビリテーションの理念と、障害者が障害のない者と同等に生活し、活動する社会をめざすノーマライゼーションの理念が謳われ、①地域でともに生活するための施策、②社会的自立を推進する施策、③バリアフリー化を促進する施策、④生活の質（ＱＯＬ）の向上をめざす施策、⑤安全な暮らしを確保する施策、⑥心のバリアを取り除く施策、⑦わが国にふさわしい国際協力・国際交流を行う施策、を重点的に推進するとされた。

「参加」や「自立」といった理念は、とりたてて目新しいものではない。たとえば、「身体障害者福祉法」（昭和二四年）には、「身体障害者の自立と社会経済活動への参加を促進する」こと、「すべて身体障害者は、自ら進んでその障害を克服し、その有する能力を活用することにより、社会経済活動に参加することができるように努めなければならない」こと、「すべて身体障害者は、社会を構成する一員として、社会、経済、文化その他あらゆる分野の活動に参加する機会を与えられる」こととされている。「障害者基本法」（昭和四五年）にも、「すべて障害者は、個人の尊厳が重んぜられ、その尊厳にふさわしい処遇を保障される権利を有する」こと、「すべて障害者は、社会を構成する一員として社会、経済、文化その他あらゆる分野の活動に参加する機会を与えられる」ことが宣言されている。

これら二つの法律のなかには、盲導犬や介助犬や聴導犬について明示的に言及する規定はない。しかし、盲導犬等が、車椅子等の補装具と同様に、障害者のノーマライゼーション、社会参加に大きく寄与することは、まちがいない。そう考えると、具体的な立法を充実していくうえでの理念的基礎となる法規定は、すでに存在していたといえる。

前述したように、わが国で稼動している盲導犬は一〇〇〇頭程度である。一方、視覚障害者の総数は約三〇万人に達する。盲導犬の使用を希望している人も多い。日本財団が平成一一年に実施した調査によると、推定希望使用者数は七七八七名であったという。この数字からみると、少なくとも盲導犬についてては、財源の問題はともかくとして、さらなる育成を推進し、法的認知度を高めるべきときはかなり前から到来していた。

そのような状況のなかで、身体障害者の日常的な起居動作を助ける「介助犬」が、にわかに注目を浴びた。

平成一〇年九月から一年半にわたり、毎日新聞阪神支局が、宝塚市在住の木村佳友氏とその介助犬について取材した「介助犬シンシア」と題する記事を、大阪・兵庫全域に配布される地域面で連載し、介助犬の存在が広く知られるきっかけをつくった（木村佳友・毎日新聞阪神支局取材班、二〇〇〇年）。

それに並行して宝塚市では、平成一一年度から介助犬・盲導犬のハーネス購入費の補助を決定、さらには国にさきがけて独自の支援・啓発策を検討するために「介助犬支援プロジェクト」を発足、介助犬の社会的認知のために全庁あげての積極的な取組を行い始めた。国政レベルでも、平成一〇年五月に大野由利子衆院議員（当時）が国会に介助犬の公的認知についての質問趣意書を提出したほか、同年から厚生省の「厚生科学研究障害保健福祉総合研究事業」のひとつとして、「介助犬の基礎的調査研究班」が発足した。国会内では、その後、「介助犬を推進する議員の会」が超党派で結成された。

このような動きに敏感に反応した民間企業も現れ始め、大手スーパーのダイエー・グループが、いちはやく介助犬の店舗内受入れを決定し、阪急百貨店がそれに続いた。また民間の介助犬普及・育成組織には独自の介助犬認定基準を発表するものや、ＮＰＯ法人格を取得するものも出てきた。

右に述べたことは、介助犬に関する動きであるが、同様の動きは聴覚障害者を補助する「聴導犬」

についてもあったことから、盲導犬のみならず介助犬と聴導犬も含めて、それらの法的位置づけをまとめて考えようという機運が生じてきた。

もっとも、そういった社会的関心の急速な高まりとはうらはらに、介助犬と聴導犬の稼働数は、身体障害者補助犬法の制定前はごくわずかであり、たとえば二〇〇〇年当時の介助犬は一〇頭にも満たないといわれていた。

そのようなごく少数の介助犬・聴導犬は、道路交通法に明記され命令・通達を通じた社会的受入れへの取組が（不十分なところもあったが）行われてきた盲導犬とはちがい、法的にはペットとまったく同列に置かれてきた。

前述の木村氏の場合も、介助犬同伴で外出しようとすると、電車に乗るのに事前交渉や審査が鉄道会社ごとに必要であったり、出かけていった先で理解が得られず入場を断念することもあったりしたという。

たしかに電車・バスなどの公共輸送機関と、店舗などの施設の利用に際しての障害は、介助犬・聴導犬の場合、たいへん大きいと予想される。なぜならば、盲導犬（アイメイトという呼称を用いる育成団体もある）についても、類似の障害があることが複数の調査によって判明しているからである。

たとえば、竹前栄治氏が部長を務める「アイメイト協会同窓会・人権対策特別部会」が実施し、一九九四年に発表したアンケート調査（竹前栄治、一九九四年）によると、回答を寄せた九〇名のアイメイト使用者の七割が、ホテルなどの宿泊施設の予約やチェックインの段階で断られた経験をもち、そのうち、折衝の結果利用できたのは三割で、七割の人は結局利用を断念している。利用できた場合でも、親会社や上部組織、保健所などの指導によるか、レストランを利用しない、アイメイトを別の場所に預ける、アイメイトにつき別料金を払う、などの条件が付されたケースも報告されている。

また、レストランなどの飲食店で利用を断られた経験があるのは、回答者のじつに九五パーセントにのぼる。このうち約四割が折衝して利用できたが、不当に高い料金を取られたり、アイメイトを別の場所に預けさせられたりしたケースもある。このほか、バスやタクシーの乗車拒否、結婚式場や会館の利用拒否、スーパーの入店拒否、公共輸送機関でアイメイトの料金を取られた、といった事例も報告されている。

拒否の理由として告げられたのは、「犬嫌いの客がいるから」「保健所からダメといわれている」「通達があろうとも訓練がしてあろうとも営業方針として犬は受け入れない」「犬を受け入れるための準備がない」「畳の部屋だから」「毛で部屋などを汚すおそれがあるから」「いくら訓練されていても吠えたり噛んだりするおそれがあるから」などである。

また、「全日本盲導犬使用者の会」会員全員を対象にして一九九九年に行われた同様の調査（清水和行・竹前栄治、二〇〇〇年）によると、一九九八年四月以降、ホテル、レストラン、タクシーの利用拒否を経験した人の割合は以前に比べると減少してきている。それでも、宿泊施設については、約四割の人がなお拒否を経験している。拒否された場合、折衝や親会社・行政の指導などがあって利用できた事例もあるが、盲導犬の料金を徴収されたり、盲導犬を隔離されたり、レストランに入らないことを条件とされた例が相変わらずあった。レストラン・飲食店では、拒否経験者は五割弱いる。ただし、映画館・劇場についての状況は著しく改善されており、拒否されたのは約一五パーセント、しかもいったん拒否されてもなんらかの方法で結局は入場できた例がほとんどで、入場を断念したのは全体の二パーセント以下であった。

最後の例には、日本社会の変化を読み取ることができるが、宿泊施設やレストランで五割前後の人がなお拒否を経験していたのであるから、問題の規模は大きかった。

日本財団が実施した「盲導犬に関する調査」（平成一一年三月）によっても、盲導犬を使用しての問題点として、「入店拒否などで活動範囲が制限される」をあげた人は、現使用者の五〇・〇パーセント、元使用者の四八・四パーセントに達している。ついで、「医療費などの経済的負担が大きい」（現使用者三七・三パーセント、元使用者二九・五パーセント）、「世話に手間がかかる」（現使用者三〇・〇パーセント、元使用者三六・九パーセント）、「隣近所や周囲の人に気を遣う」（現使用者二〇・八パーセント、元使用者二二・一パーセント）といった点が指摘されている。

盲導犬使用者ですらこれらの障害に出会うのであるから、社会的認知度の低い介助犬・聴導犬の場合は、なおさら困難が大きかった。

さらに、集合住宅や賃貸住宅に居住する障害者が、介助犬・聴導犬とともに暮らしたいと考える際にも、それがペットと同じ扱いであるかぎり、動物の飼養禁止を定める集合住宅の管理規約や、アパートや家屋の賃貸借契約条項との衝突といった法的障害に出くわす。

実際、わが国の裁判所は、集合住宅内での動物飼育に関しては、かなり厳しい制限を課しうることを認めている。たとえば東京高裁平成六年八月四日判決（判例タイムズ八五五号）は、マンションにおけるペット（中型犬であるイングリッシュ・ビーグル）の飼育が問題になった事例につき、分譲マンションでの動物の飼育を具体的な被害の発生の有無を問わず一律に禁止する管理規約の規定を有効と判断し、規約を改正して動物飼育を全面禁止する際にも、それ以前から犬を飼っている区分所有者の承諾は必要ないとした。

このように、盲導犬・介助犬・聴導犬の三者は、公共輸送機関・公共施設・住居・職場（事業所）へのアクセスのむずかしさを程度の差こそあれ共有していたうえ、公的認定制度のない介助犬と聴導犬については法的位置づけが皆無であったため、これらを普及するためには、せめて盲導犬並みの育成体制と社会的認知の確立が必要な状況であった。

2　身体障害者補助犬法

このような状況を受けて制定されたのが身体障害者補助犬法である。

本法の目的は、「身体障害者補助犬を訓練する事業を行う者及び身体障害者補助犬を使用する身体障害者の義務等を定めるとともに、身体障害者が国等が管理する施設、公共交通機関等を利用する場合において身体障害者補助犬の育成及びこれを使用する身体障害者の施設等の利用の円滑化を図り、もって身体障害者の自立及び社会参加の促進に寄与すること」と謳われている。

つまり、身体障害者補助犬の「適切な育成」と補助犬同伴者の交通機関・公共施設等の「利用の円滑化」（アクセス保障）が二つの大きな柱をなしている。

本法の内容には、従来の法状況と比較して、少なくともつぎの四つの特質を指摘することができる。

①盲導犬・介助犬・聴導犬の定義と法的位置づけの明確化がなされたこと。
②指定法人による認定制度が創設されたこと。
③身体障害者補助犬訓練者と使用者の責務が規定されたこと。
④身体障害者補助犬同伴者のアクセス保障が拡大したこと。

以下、この順に説明する。

本法は、まず「法律」上の位置づけが不十分であった盲導犬や、法律にまったく規定をもたなかった聴導犬・介助犬について、その定義と位置づけをはっきりさせた。そして、それら三者を総称する「身体障害者補助犬」という新しい概念をつくった。

盲導犬、聴導犬、介助犬の定義は、それぞれつぎのとおりである。各定義中にいう「一六条一項の認定」については後述する。

盲導犬＝道路交通法一四条一項に規定する政令で定める盲導犬であって、一六条一項の認定を受けているもの。

介助犬＝肢体不自由により日常生活に著しい支障がある身体障害者のために、物の拾い上げおよび運搬、着脱衣の補助、体位の変更、起立および歩行の際の支持、扉の開閉、スイッチの操作、緊急の場合における救助の要請その他の肢体不自由を補う補助を行う犬であって、一六条一項の認定を受けているもの。

聴導犬＝聴覚障害により日常生活に著しい支障がある身体障害者のために、ブザー音、電話の呼出音、その者を呼ぶ声、危険を意味する音等を聞き分け、その者に必要な情報を伝え、および必要に応じ音源への誘導を行う犬であって、一六条一項の認定を受けているもの。

指定法人による育成システムが従来から存在する盲導犬とちがい、介助犬と聴導犬の育成にはこれまで国レベルの公的統制・認定制度は存在しなかった。本法により、厚生労働大臣が身体障害者補助犬の種類ごとに、身体障害者補助犬の訓練または研究を目的とする一定の法人のうち補助犬認定業務を適切かつ確実に行うことができると認められるものを、認定を行う者として指定することができるとした。厚生労働大臣は、その指定をしたときは、当該指定を受けた者（指定法人）の名称および主たる事務所の所在地を公示する。指定法人の名称や事務所の所在地の変更は、あらかじめ厚生労働大臣に届け出なければならず、厚生労働大臣はその届出内容を公示する。

指定法人は、身体障害者補助犬とするために育成された犬（当該指定法人が自ら育成した犬を含む）で申請があったものにつき、身体障害者が同伴して施設等を利用する場合に他人に迷惑をおよぼさず適切な行動をとる能力を有すると認める場合には、その旨の認定を行う。これが「一六条一項の認定」である。また、いったん認定した身体障害者補助犬が、その能力を欠くこととなったと認める場合には、当該認定を取り消す。

厚生労働大臣は、指定法人の認定業務の適正運営を確保するため必要があると認めるときは、当該指定法人に対し、その改善のために必要な措置をとるべきことを命ずることができる。指定法人がこの命令に違反したときは、指定を取り消すことができる。

厚生労働大臣は、指定法人の認定業務の適正運営を確保するため必要があるときは、指定法人に対し業務状況に関し必要な報告を求め、当該指定法人に立入調査・質問をすることができる。立入調査および質問の権限は、犯罪捜査のために認められたものと解釈してはならないとされているが、求めを受けても報告をせず、もしくは虚偽の報告をし、または同項の規定による立入調査を拒み、妨げ、もしくは忌避し、もしくは質問に対して答弁をせず、もしくは虚偽の答弁をした場合には、その違反行為をした指定法人の役員または職員に二〇万円以下の罰金が科される。

なお、指定法人と身体障害者補助犬認定に関し、「身体障害者補助犬法施行規則」（平成一四年九月三〇日厚生労働省令第一二七号）が出され、訓練・指定・認定につき詳細な基準が定められた。

身体障害者補助犬法は、身体障害者補助犬訓練者と身体障害者補助犬使用者のそれ以外の責務についても規定している。

まずは訓練者の責務である。身体障害者補助犬の訓練事業を行う者（「訓練事業者」）は、身体障害者補助犬としての適性を有する犬を選択するとともに、必要に応じ医療を提供する者、獣医師等との連携を確保しつつ、これを使用しようとする各身体障害者に必要とされる補助を適確に把握し、その身体障害者の状況に応じた訓練を行うことにより、良質な身体障害者補助犬を育成しなければならない。訓練事業者は、障害の程度の増進により必要とされる補助が変化することが予想される身体障害者のために前項の訓練を行うにあたっては、医療を提供する者との連携を確保することによりその身体障害者について将来必要となる補助を適確に把握しなければならない。訓練事業者は、身体障害者補助犬を育成した場合には、その身体障害者補助犬の使用状況の調査を行い、必要に応じ再訓練を行わなければならない。訓練事業者は、犬の保健衛生に関し獣医師の行う指導を受けるとともに、犬を苦しめることなく愛情をもって接すること等により、これを適正に取り扱わなければならない。

つぎに使用者の責務である。訓練事業者同様に補助犬を使用する身体障害者は、犬の保健衛生に関し獣医師の行う指導を受けるとともに、犬を苦しめることなく愛情をもって接すること等により、これを適正に取り扱わなければならない。また、補助犬使用者は、補助犬の体を清潔に保ち、予防接種および検診を受けさせることにより、公衆衛生上の危害を生じさせないよう努めなければならない。

身体障害者が補助犬を同伴・使用して施設等を利用する際は、厚生労働省令で定めるところにより、補助犬にその者のために訓練された身体障害者補助犬である旨を明らかにするための表示をしなければならない。また、施設等の利用等を行う場合において補助犬同伴・使用者は、当該補助犬が公衆衛生上の危害を生じさせるおそれがない旨を明らかにするため必要な厚生労働省令で定める書類を所持し、関係者の請求があるときは、これを提示しなければならない。施設等の利用等にあたり補助犬の同伴・使用者は、補助犬が他人に迷惑をおよぼすことがないようその行動を十分管理しなければならない。

なお、何人も、施設等の利用等を行う場合において身体障害者補助犬以外の犬を同伴し、または使用するときは、その犬に身体障害者補助犬の表示またはこれと紛らわしい表示をしてはならない。ただし、身体障害者補助犬となるため訓練中である犬または一六条一項の認定を受けるため試験中である犬であって、その旨が明示されているものについては、このかぎりでないとされた。

訓練者は必要に応じて医療提供者と連携すべきこと（医療的配慮）、訓練者・使用者ともに犬の適正な取扱いに努める責務があること（動物保護的配慮）という二点が、とくに注目に値する。後者の点は、従来から盲導犬などの貸与契約のなかでしばしば規定されていたことであるが、動物虐待への法的・社会的非難の高まりを受けて、本法で一般的に明記されることになった。

このほか、本法は、身体障害者補助犬を同伴した身体障害者の公共交通機関や公共施設へのアクセスを、法律上明確かつかなり広く認めた。補助犬育成システムの構築とならぶ、第二の新機軸である。国などが管理する施設・事業所・住宅、公共交通機関、不特定かつ多数の者が利用する施設、補助犬同伴者が働く一定の民間事業所は、いずれも原則として身体障害者補助犬の同伴を拒むことができない。不特定かつ多数が利用する施設には、民間商店のほとんどが含まれることになろう。また、一定の民間事業所の受け入れ義務は、本法施行時は規定されていなかった（当初は受け入れ努力義務にとどまっていた）ものであるが、平成一九年の改正により受け入れの義務化が実現したものである。

これらの施設等が身体障害者補助犬の同伴を例外的に拒否できるのは、「身体障害者補助犬の同伴により当該施設に著しい損害が発生し、又は当該施設を利用する者が著しい損害を受けるおそれがある場合その他のやむを得ない理由がある場合」だけである。

また、法的受け入れ義務までいたらない「努力義務」として、民間住宅の管理者は、その管理する住宅に居住する身体障害者が当該住宅において身体障害者補助犬を使用することを拒まないよう努めなければならないことが規定されている。

従来、駅ホームからの盲人の転落事故などをめぐる訴訟で障害者の安全をめぐって鉄道会社の点字ブロック設置義務が議論されたことはあるが、本法は障害者の安全歩行に大きく関係する盲導犬のみならず介助犬・聴導犬の同伴も保障した。このことは、たんなる「交通安全確保のための同伴」を超えた「社会参加・自己実現のための同伴」が、法的に認められたことだと考えられる。ただし、受け入れ義務者の義務違反（同伴拒否）については、本法は特別な制裁を規定していない。

本法を受けて、身体障害者補助犬育成事業の社会福祉事業としての公的な位置づけと支援も行われることになった。本法とあわせて「身体障害者補助犬の育成及びこれを使用する身体障害者の施設等の利用の円滑化のための障害者基本法等の一部を改正する法律」が制定され、社会福祉法、障害者基本法、身体障害者福祉法がそれぞれ一部改正された。それにより、介助犬・聴導犬育成事業が「第二種社会福祉事業」と位置づけられたほか、国や地方公共団体が補装具などの福祉用具と同様に身体障害者補助犬の給付を行うよう必要な施策を講じるべきことが規定され、盲導犬のみならず介助犬・聴導犬の貸与支援事業も都道府県や地方公共団体の事業内容に取り込めることになった。また、同法により、国・都道府県以外の者は、都道府県知事に届け出て、介助犬訓練事業または聴導犬訓練事業を行うこととされた。

このような法整備は、盲導犬・介助犬・聴導犬の育成事業を福祉事業として国法上にはっきり位置づけると同時に、公的なコントロールの対象に取り込む意味をもつ。

3 残された課題

このように身体障害者補助犬法は、盲導犬のみならず介助犬・聴導犬も含めた育成体制を整備し、身体障害者補助犬を同伴する障害者のアクセス保障を法的に認めた法律として、わが国の身体障害者法制のみならず、人と動物の関係を中心に把握された「動物法」の観点からも、大きな意義をもつ。人を助ける動物（身体障害者補助犬）の法的位置づけが明確にされた画期的な法律だからである。

しかし、ほかのすべての法律同様、そこにはなお残された問題や、新たに生じてくる問題がある。そのような課題として、医療関係者との連携システムづくりと、アクセス保障を実効的なものとする体制づくりの二点を述べたい。

まずは、医療関係者との連携システムづくりという課題である。本法の成立を促した大きなきっかけのひとつは、介助犬を、身体障害者（肢体不自由者）の「生きた自助具」として育成・普及させたいという、医療従事者の積極的な働きかけであった。

わが国の「肢体不自由者」は、厚生省の平成八年の調査では一六九万八〇〇〇人、平成一三年の調査では一七〇万九〇〇〇人である。もちろん、そのすべてが介助犬の使用適応者ではないものの、今後、社会の高齢化がさらに進むことを考えると、将来の潜在需要は大きい。

医学的には、動作介助を要する障害の原因となる疾患および労作性呼吸苦をきたすために日常生活動作に障害がある疾患は、すべて適応があると考えられる。また、介助犬の場合、盲導犬や聴導犬に比べて、介助項目が多岐にわたるため、障害の種類は単一ではなく、運動障害、感覚障害、平衡障害、失調をともなう神経疾患、可動域制限をともなう関節疾患、労作性呼吸苦をともなうすべての疾患の慢性期、とくに在宅での自立した生活を希望する障害者に適応がありえる。実際、欧米では、筋ジストロフィー、脊髄損傷、多発性硬化症、脳血管障害後遺症、脳性麻痺、てんかん、慢性関節リウマチ、若年性関節リウマチ、狭心症等の慢性期患者が介助犬と暮らしている（高柳友子、一九九八年）。

患者は継続的な医療的管理と経過観察を必要とするため、介助犬の育成・訓練・使用のすべての段階において、医療従事者（医師やリハビリテーションスタッフ等）が、患者本人と訓練育成者とチームを組んで密接に協力しあい、専門的助言をすることがいちばん望ましい。

そのような主として介助犬使用者についての切実な要請が、「医療従事者との連携」を訓練事業者の責務とするかたちで、本法中に盛り込まれたわけだが、具体的にどのような連携システムをつくり動かしてゆくかが課題となる。

法は、訓練事業者は身体障害者補助犬としての適性を有する犬を選択するとともに、「必要に応じ医療を提供する者、獣医師等との連携を確保しつつ」身体障害者に必要な補助を適確に把握し、その身体障害者の状況に応じた訓練を行うことにより、良質な身体障害者補助犬を育成しなければならないとした。また、とくに「障害の程度の増進により必要とされる補助が変化することが予想される身体障害者」に訓練を行うにあたっては、「医療を提供する者との連携を確保することにより」その身体障害者について将来必要となる補助を適確に把握しなければならないとした。

前者の規定では「必要に応じ」医療提供者との連携を確保することとしているが、いったいどういう場合にその「必要」があるのか。また、後者の場合、つまり、「障害の程度の増進により必要とされる補助が変化することが予想される」場合には、必ず医療提供者との連携を確保しなければならないが、いったい、「必要とされる補助が変化することが予想される」のはどのような場合なのか。はたまた、その必要性が認められる場合に、「連携」を確保するというのは、具体的にはどのようなことをすればよいのか。こういった点は、法文そのものからははっきりしない。

医療従事者との連携を規定したことは、よきにつけあしきにつけ、本法の大きな特徴である。本法は身体障害者補助犬の「適切な育成」を大きな柱としているため、まだ世にほとんど出ていない介助犬と聴導犬についても、最初からかなり念入りな育成体制・認定体制をつくった。医療従事者と訓練事業者の連携も、その具体的な要請である。このような念入りな法制度を最初からつくることにより、劣悪な介助犬・聴導犬が世に出てしまう危険を予防することができるだろうが、その一方、育成過程のコストや体制があまりにも「高く」あるいは「重く」なってしまうと、肝心の補助犬の育成が思うように進まないという弊害も出てくる可能性がある。医学的理想になるべく近く、同時に、許される範囲で効率的な育成体制を現実に整備するための、官民の努力が求められている。

第二の課題は、アクセス保障を実効的なものとする体制づくりである。本法は、身体障害者補助犬使用者の交通機関や公共施設へのアクセス保障法（差別禁止法）としての性質をもつ。しかし、法律の規定にかかわらず、違法な利用拒否や入場拒否が行われることは十分にありうるし、そのような事例の発生もいくつか報道されている。

本法は、そのような受け入れ拒否について、特別の制裁を規定していないので、正当な理由なしに受け入れを拒否された場合の法的救済は、民法や国家賠償法が定める一般的な原則によることになる。典型的な事後救済としては、不法行為責任にもとづく損害賠償請求（慰藉料請求）が考えられるが、それで十分であるかというと疑わしい。

この問題については、平成一九年の法改正で一定の改善がみられた。都道府県等に苦情窓口が設置されたのである。当初の法施行当時には明確でなかった行政の苦情相談窓口が都道府県（指定都市や中核市は大都市なので特例として自らが窓口となる）であることが明確化された。補助犬を使用する身体障害者だけでなく、補助犬同伴での利用対象となる施設等の管理者も、行政の窓口に苦情を申し出ることができる。苦情の申し出を受けた都道府県知事等は、当事者の相談に応じ助言・指導を行うほか、関係行政機関（たとえば法務省の人権相談窓口等）の紹介も行う。その際、関係者に必要な資料の送付などの協力を求めることができる。

法に明記された一定範囲の受け入れ義務（同伴拒否禁止）がきちんと履行され、障害者の権利が実現してゆくためには、都道府県の苦情相談窓口が果たす役割は大きい。司法（裁判所）を利用した紛争解決が日常的とはいいがたいわが国の場合、まずは行政の啓蒙・指導・調整活動（訴訟外の柔軟・迅速な紛争処理活動）に、期待が集まらざるをえないからである。

なお、その後、平成二五年六月に「障害を理由とする差別の解消の推進に関する法律」（障害者差別解消法）が公布され、平成二八年四月に施行された。この法律は、障害者基本法の基本的な理念にのっとり、障害者基本法第四条の「差別の禁止」の規定を具体化するものとして位置づけられており、障害を理由とする差別の解消の推進に関する基本的な事項、行政機関等および事業者における障害を理由とする差別を解消するための措置等を定めることによって、差別の解消を推進し、それによりすべての国民が、相互に人格と個性を尊重しあいながら共生する社会の実現に資することを目的としている。

政府は、障害者の差別の解消の推進に関する基本方針として、差別解消に関する施策の基本的な方向、行政機関等および事業者が講ずべき措置に関する基本的な事項等を定める。また、差別解消のための措置として、「差別的取扱い」が禁止され、行政機関や事業者が事務または事業を行うにあたり、障害を理由として障害者でない者と不当な差別的取扱いをすることにより、障害者の権利利益を侵害してはならないことに加え、「合理的配慮不提供」も禁止され、行政機関や事業者が事務または事業を行うにあたり、障害者から現に社会的障壁の除去を必要としている旨の意思の表明があった場合、その実施にともなう負担が過重でないときは、障害者の権利利益を侵害することとならないよう、当該障害者の性別、年齢および障害の状態に応じて、社会的障壁の除去の実施について必要かつ合理的な配慮をしなければならないものとされた。

なお、民間事業者については、「私的自治」の点に配慮し、「合理的配慮不提供の禁止」は努力義務として意識啓発・周知を図るための取組を進めることとし、法的義務とするか否かは、施行後三年を経過したところで状況をふまえて検討することとされた。

このように包括的な差別解消立法が制定されたことにより、補助犬同伴者の立ち入り、移動についての社会的理解もいっそう促進されることが期待される。

第8章——「まもる」と「つかう」の法原理

1 「まもる」と「つかう」

これまで人間が動物（とその環境）に働きかける二つの方法、すなわち、「まもる」と「つかう」という関係の取り結び方を思考軸にして、記述を進めてきた。本章では、第2章の最後に提起しておいた、つぎの四つの問題について、法的な考え方を整理してみよう。

①人が動物をつかうことは、なぜ許されているのか。（動物利用のＷＨＹ）

②人が動物をつかうことが許されているとしたら、どうつかうことができるのか。（動物利用のＨＯＷ）

③人は動物をなぜまもらなければならないのか。（動物保護のＷＨＹ）
④人が動物をまもるとしたら、どうまもるべきなのか。（動物保護のＨＯＷ）

これらの問題は相互に独立したものではなく、とくに、②の問題（動物利用のＨＯＷ）は、実質的に③の問題および④の問題と密接につながっている。③の問題への回答が、②の問題を考えるうえでの原理的な基盤を提供するものであるし、②の問題と④の問題は、人と動物の関係につき、「つかう／まもる」という二元的な切り分け方をしたときに、実質的に同じ問題を「つかう」という側からみるか、「まもる」という側からみるかという視点のちがいがあるにすぎない部分もあるからである。これまで紹介してきたすべての立法が、動物利用とその限界についての規定を含んでいたことからもわかるように、ここに現代日本の動物法の最大の論争の焦点もある。

もうひとつ確認しておく。第2章の最後には、つぎのような動物法の整理の仕方を提示し、概ねそれに従い本書の叙述を進めてきた。

〈動物法の体系〉
Ｉ　まもる法
　１　人が動物をまもる
　①個体としての動物をまもる——動物個体保護法

②種としての動物をまもる――動物種保護法

2　人を動物からまもる――動物管理・危険防除法

3　人と動物が住む生態系をまもる――人＝動物共生法

Ⅱ　つかう法――動物利用法

このような整理を試みた理由は、法学者の専門的関心よりも、人と動物の関係に関心をもつ一般の読者にとって重要な問いに対応するかたちで整理すべきだと考えたからであった。

2　人が動物を「つかう」

さて、以上のことを再度確認したうえで、四つの問題を考えよう。

その際、これまでの叙述の順序とは異なるが、便宜上、「まもる」と「つかう」という二つの局面のうち後者、すなわち「つかう」という局面から話を始めたい。

人が動物をつかうことはなぜ、どのように許されているのか（動物利用のＷＨＹとＨＯＷ）。この問題は哲学的、倫理的、歴史的、あるいは、自然科学的に考えることも可能であるが、ここではあくまでも法律学的に考える。

以下、議論が錯綜しないよう、だれか（＝人）の所有物となっている動物を念頭に置く。たとえば身近な飼犬をイメージしながら読んでいただきたい。野生動物については所有権がないが、人知れず地球上のどこかに生息しているような動物を人間が「つかう」ことはそもそもできないので、ここでは除外しておいても問題はない。

ペットにせよ、産業動物にせよ、実験動物にせよ、法律的には所有権の客体となる。なお、飼主から逃げ出した迷い犬や迷い猫のように、一時的に人の占有（＝事実上の支配）を脱している動物といえども、法律上その所有権は即座に消滅するものではない。

動物の所有者が、当該動物について自由な利用・処分が原則として許されているということは、法解釈学の観点からは、ほとんど自明のことである。

大前提として、すべての法律の土台となり、かつ、それに優先する憲法のなかに財産権についての規定がある。日本国憲法二九条は、「財産権は、これを侵してはならない」（同一項）と規定している。個人が財産を私有するという制度（私有財産制度・資本主義体制）は、日本法上は、この規定によって強力に保障されている。

「財産権」という言葉は、経済的取引の対象となるものの上に成立する権利を広く指し、そこには物権・債権・無体財産権などが含まれるが、その中核に位置する権利は、なんといっても「所有権」である。したがって、本書のように、ある動物の所有者が当該動物をなぜどのようにつかうことができるのかという問いを設定した場合は、財産権という言葉を所有権と置き換えてもさしつかえない。

つまり「所有権は、これを侵してはならない」というのが、日本国憲法の基本となる考えである。なお、この規定に引き続き、日本国憲法では「財産権の内容は、公共の福祉に適合するように、法律でこれを定める」（同二項）と定められている。

このような考え方は、たとえば西洋型近代憲法の源流である一七八九年のフランス人権宣言（正式には「人および市民の権利宣言」）にすでに謳われており、同宣言には「所有は、神聖かつ不可侵の権利であり、何人も、過去に確認された公の必要が明白にそれを要求する場合で、かつ、正当かつ事前の補償のもとでなければ、これを奪われない」という規定がある（初宿正典・辻村みよ子、二〇〇六年）。

財産権の内容は、公共の福祉に適合するように法律で定めるという日本国憲法の規定を受けて、民法をはじめとする法律に、さまざまな財産権の内容が定められている。

所有権についての規定は民法のなかにある。民法上の財産権は、人が直接に物を支配する権利である物権と、人が人に一定の事柄を要求できる権利である債権に大別される。所有権は物権のひとつであり、物権の中心に位置する基本的で強力な権利である。

では、その中身はどう定められているか。所有権の内容・性質については、民法二〇六条が、「所有者は、法令の制限内において、自由にその所有物を使用、収益及び処分をする権利を有する」と規定している。

法令上の制限内であれば、所有者たる人はその所有物を自分で自由につかって（使用）もよいし、それを他人に利用させて利益を上げて（収益）もよいし、それを売って（処分）もよいことが、この規定により明認されている。

動物の所有についても、同じである。

では、そもそも、動物は、なぜ民法上の所有権の対象となる（所有権の目的となる）のか。

わが国の民法は、「人」と「物」という二大カテゴリーを対比して、世界を把握している。民法全体に適用される通則となる「総則」（民法第一編）の冒頭部分の章立てが、第一章「人」、第二章「法人」、第三章「物」、……と続いてゆくことからも、このことは読み取れる。

第二章の法人は民法上は「人」の一種であるから、要するに、日本の民法は、その規律対象となる財産的秩序・経済的取引の世界を、「人」と「物」という二大構成要素から成り立つものと理解しているのである。

動物が、「人」や「法人」に含まれていないことは（後述するように遠い将来にそうなる可能性はないとはいえないが少なくとも現在は）議論するまでもないことであるから、動物が「物」に含まれることだけを確認しておけば、法律学的には十分である。

物の定義は、民法八五条にある。同条は、「この法律において『物』とは、有体物をいう」と定義している。有体物という特殊な法律用語は、無体物（エネルギーや情報など）との対比で使われ、要するに「空間の一部を占めるかたちのある存在」という意味である。かたちがあり、触ることのできる存在である動物が「有体物」であることはまちがいない。たとえ高度な精神活動を行う能力のある動物であったとしても、有体物であるといわざるをえない。さきほど確認したように、動物は「物」と対比された「人」でないことは、自明のことだから、結局、動「物」はその名のとおり法律上の「物」であるというほかない。

かくして、民法の「所有権」および「物」の定義上、動物の所有者はその動物を、法令の範囲内で自由に使用・収益・処分することができるという「法解釈学的な」結論が導かれる。

動物の所有者が動物を原則として自由に「つかう」ことができるということについての、法解釈学的な説明はこれで終わりである。

法解釈学は、憲法を頂点とする現行法体系、とりわけ日本のような成文法国にあっては憲法や法令の「条文」とそれを肉付けする「判例」(ある条文の解釈について重要な意味をもつ裁判の先例)から出発し、さまざまな問題について、規範論理的な結論を考えるものである。憲法を頂点とする規範体系の内部で、論理的に結論を導きだすことが重要であり、さまざまな解釈技術を駆使してもなお現行法から導きだすことのできない結論を、現行法の枠内で提唱することは許されない。それはもはや「解釈論」の仕事ではなく、現行法を改正する議論、すなわち「立法論」として語られるほかない。

しかし、このような、法解釈論的な説明自体に満足できない読者もあろう。たしかに、なぜその条文はそういうふうに決めているのかという、法律の規範体系をそのようなかたちで存在させている歴史文化的な経緯や、それを支える根拠となる実質的原理を知りたい場合は、法律の条文を前提としてそこから議論が出発するのでは、隔靴掻痒の感を覚えるかもしれない。

こういった基礎的・原理的な問題を考えるのは、法史学、法人類学、法哲学といった、基礎法学とよばれる学問分野が引き受ける仕事である。

たとえば、そもそも所有権をはじめとする財産権がなぜ認められるのかということについては、法哲学的な論争がある。その問題に深入りする余裕はないが、所有権（財産権）は国家を前提とした権利であり、国家法の存在が財産権の前提となると考えている論者と、市場が国家なしに成立することからもわかるように、生命や人身の自由同様に、財産権も一種の「自然権」であると考えている論者がある。

後者の論者は、所有権をはじめとする財産権は、各人が等しく独立に身体・生命・自由への権利をもつという「自己所有権」（self-ownership）の延長線上にあるという（森村進、一九九五年）。

このような考え方は、所有権（あるいはそう称してもよいもの）の実在を、前国家法的にとらえる点で歴史や社会に対する直観に合致するし、法人類学的な研究とも整合性がある。

たとえば、加藤雅信氏は、狩猟採集社会においては、捕獲物・採集物に対する労務投下により「捕獲物・採集物に対する所有権」が発生し、遊牧社会においては、家畜等動物に対する資本投下により「家畜に対する所有権」が発生し、定着農耕社会においては、土地に対する資本投下により、「土地所有権」が発生するとし、所有権概念発生の根拠と対象を社会構造の三類型に応じて図8・1のように整理している（加藤雅信、二〇〇一年）。

このような法人類学的な関心からの所有権発生史研究が、所有権発生・承認の根拠について、「労

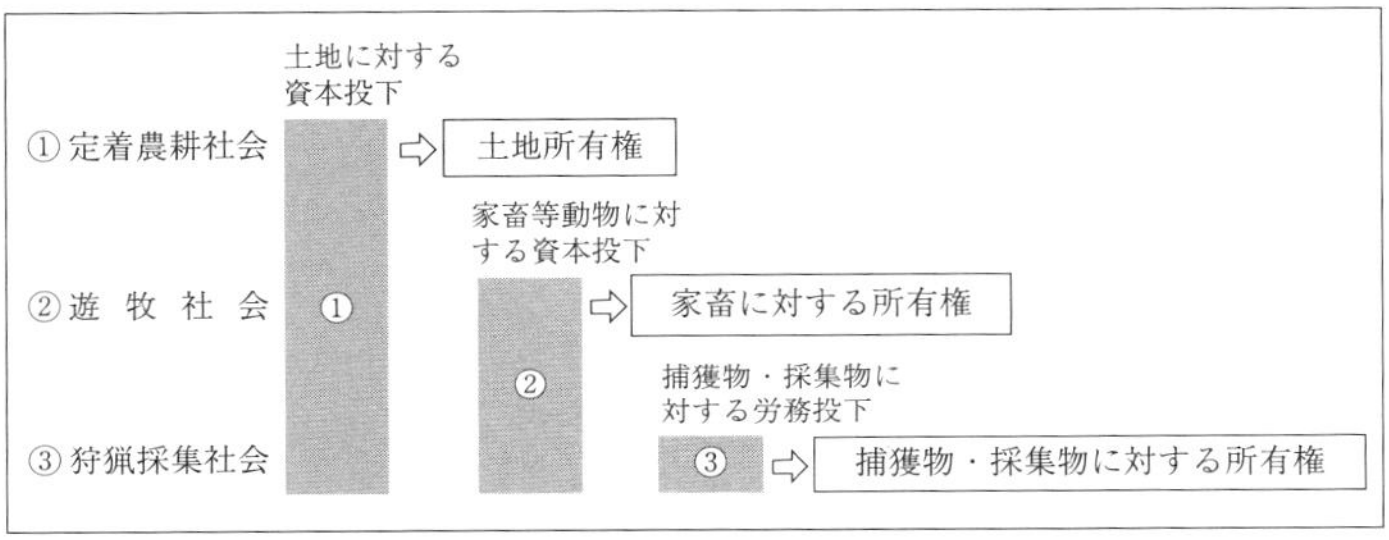

図 8. 1　所有権概念発生の構造（加藤，2001 より）

務・資本の投下」をあげていることは、「自分の労働を外界のものに混ぜることにより、自己所有権の延長として当該外界物への所有権を取得する」という、法哲学者のいう自己所有権テーゼと同じ説明方法だといえる。

こう考えると、所有権には自然権的な側面がいまでもある、という議論には説得力がある。つまり、近代法の理念型である「所有権の絶対性」が相当程度修正されている現代においても、所有権を正当化する実質的根拠を、生命・身体・自由に代表される自己所有権と関連づけて理解することには意味があるだろう。現行日本法上、動物の所有者が当該動物に強大な支配権（自由につかう権利）をもっていることの原理的な「土台」も、ここに求めることができよう。

かくして、所有権にもとづき動物やその他の物を「つかう」（使用・収益・処分の全部を含む）ことができる強力な権利が、法解釈論上、そしてそれを支える法原理上正当化されるわけだが、ただし、そこには「法令の範囲内で」という限定がついていた。

実際、ここまで紹介してきた法令を含む動物についてのさまざまな法令は、動物の所有者や管理者等にどのような責任を負わせ、その権限をどのように制約するかを、多角的な観点から定めている。その具体的な法令上のルールの総体こそが、まさに「法令の範囲内」であるかどうかを限界づける一種の「柵」となっている。

これまで言及してきた諸法令（当然ながら動物関連法令を網羅するものではない）を中心に、直接・間接に財産権に制約を課す根拠となりうるキーワードを、それぞれの法令の目的規定中から拾いだして列挙してみると、つぎのようなものがある。

①伝染病対策となる法律

【家畜伝染病予防法】家畜伝染病の発生予防・まん延防止。畜産の振興。

【狂犬病予防法】狂犬病の発生予防・まん延防止・撲滅。公衆衛生の向上。公共の福祉の増進。

【牛海綿状脳症対策特別措置法】牛海綿状脳症の発生とまん延の防止。安全な牛肉を安定的に供給する体制の確立。国民の健康の保護。肉用牛生産及び酪農、牛肉に係る製造、加工、流通及び販売の事業、飲食店営業等の健全な発展。

【牛の個体識別のための情報の管理及び伝達に関する特別措置法】牛海綿状脳症のまん延の防止。畜産及びその関連産業の健全な発展。消費者の利益の増進。

②個体としての動物を保護し管理する法律・条例

【動物の愛護及び管理に関する法律】動物を愛護する気風の招来。生命尊重、友愛及び平和の情操の涵養。動物による人の生命、身体及び財産に対する侵害防止。

【自治体の動物愛護管理条例】人と動物との調和のとれた共生社会の実現（東京都）。人と動物が調和しつつ共生する社会づくり（秋田県）。公衆衛生の向上（茨城県）。人と動物の共生（青森県）。動物の健康及び安全の保持（北海道）。

③生物多様性の保護や種としての動物保護に関連する法律
【生物の多様性に関する条約】生物の多様性の保全。生物多様性の構成要素の持続可能な利用。遺伝資源の利用から生ずる利益の公正かつ衡平な配分。

【特定外来生物による生態系等に係る被害の防止に関する法律】特定外来生物による生態系等に係る被害の防止。生物の多様性の確保。人の生命及び身体の保護。農林水産業の健全な発展。国民生活の安定向上。

【鳥獣の保護及び管理並びに狩猟の適正化に関する法律】猟具の使用に係る危険の予防。鳥獣の保護及び管理。狩猟の適正化。生物の多様性の確保。生活環境保全。農林水産業の健全な発展。自然環境の恵沢を享受できる国民生活の確保。地域社会の健全な発展。

【絶滅のおそれのある動植物種の保存に関する法律】絶滅のおそれのある野生動植物種の保存。良好な自然環境の保全。現在及び将来の国民の健康で文化的な生活の確保。

【生物多様性基本法】生物多様性の保存。生物の持続可能な利用。自然と共生する社会。地球環境の保全。

④就労動物に関する法律

【身体障害者補助犬法】身体障害者補助犬の育成。身体障害者の施設等の利用の円滑化。身体障害者の自立及び社会参加の促進。

ご覧のとおり、目的規定が複雑な階層構造をなしている法律（たとえば「鳥獣の保護及び管理並びに狩猟の適正化に関する法律」）もあれば、複数の法律に同じ目的（たとえば「生物多様性の確保」）が掲げられている場合もある。

3　人が動物を「まもる」

では、つぎに人はなぜ動物をまもるのか。

現行動物法の掲げる諸目標からは、人間の生命・身体・財産の安全、生活環境被害防止、良好な自然環境の保全、動物関連産業の振興、地域社会の発展、現在および将来の国民の健康で文化的な生活の確保、人類の福祉への貢献といった人間中心主義的な諸価値が、重視されていることがわかる。

たとえば家畜伝染病予防法の目的である「家畜伝染病の予防」は、動物そのものの保護という側面ももちろんあるが、究極的な目標は人間の生命身体の安全（鳥インフルエンザやＢＳＥを想起してほしい）や、畜産振興という人間側の利益の確保に置かれている。端的に動物保護のルールを定める「動物の愛護及び管理に関する法律」にあっても、その究極の目的は動物保護それ自体を超えた、国民の間に「動物を愛護する気風を招来すること」や、「生命尊重、友愛及び平和の情操を涵養すること」なのである。このことは、すでに第4章において、動物虐待罪の保護法益を論じた際に述べたとおりである。

この点、「人と動物の共生」や「動物の健康及び安全の保持」を目的規定中に掲げる地方自治体の条例は、動物側の利益を文言上はより強く打ち出している感もあるが、条例は法規範の階層構造上は、法律の下に位置する法規範であることから、法律と同じ重みをもつと理解するわけにはいかない。

このことと関連して、動物の愛護及び管理に関する法律の二〇〇五年改正以降、「動物愛護管理基本指針」が定められることになったのが注目される。

この法改正を受けて定められた基本指針（正式には「動物の愛護及び管理に関する施策を総合的に推進するための基本的な指針」平成一八年一〇月三一日環境省告示第一四〇号）では、動物の愛護および管理について現在のわが国の行政が依拠する基本的な考え方が示されている。指針そのものは告示という形式で示された施策推進のためのガイドラインなので、裁判規範としての効力を直接もつものではないが、法律の要請を受けて策定されたその内容は行政庁をやわらかに拘束する機能をもつ。

そのなかで、「動物の愛護」の意義について、こう述べられている。

動物の愛護の基本は、人においてその命が大切なように、動物の命についてもその尊厳を守るということにある。動物の愛護とは、動物をみだりに殺し、傷つけ又は苦しめることのないよう取り扱うことや、その習性を考慮して適正に取り扱うようにすることのみにとどまるものではない。人と動物とは生命的に連続した存在であるとする科学的な知見や生きとし生けるものを大切にする心を踏まえ、動物の命に対して感謝及び畏敬の念を抱くとともに、この気持ちを命あるものである動物の取扱いに反映させることが欠かせないものである。

人は、他の生物を利用し、その命を犠牲にしなければ生きていけない存在である。このため、動物の利用又は殺処分を疎んずるのではなく、自然の摂理や社会の条理として直視し、厳粛に受け止めることが現実には必要である。しかし、人を動物に対する圧倒的な優位者としてとらえて、動物の命を軽視したり、動物をみだりに利用したりすることは誤りである。命あるものである動物に対してやさしい眼差しを向けることができるような態度なくして、社会における生命尊重、友愛及び平和の情操の涵養を図ることは困難である。

ここに述べられているのは、人間と動物の生命的連続性に鑑み、動物の命に対する感謝・畏敬の念を動物の取扱いに反映させ、それを通じて、人間の世界における生命尊重、友愛および平和の情操の涵養を図る、という考え方である。これがまさに、動物（個体としての動物）をなぜまもるかという根拠である。

基本指針に関する動物愛護管理法の規定の仕方については、基本指針に定めることのできる施策の範囲と施策策定に必要な手続きを明確に法に定めるべきであったという指摘（吉田眞澄、二〇〇六年b）もある。しかし、この点は、法を逸脱する施策や不適切な施策が基本指針に織り込まれないかぎりさほど重大な欠点ではない。むしろ、基本指針の策定により国家的プロジェクトとして動物愛護管理行政を推進する具体的なよりどころができたことと、同時にそこに、法に裏打ちされた動物愛護施策を実現していく行政官庁が法の趣旨をどのように理解・敷衍しているかを示す法理論的にも興味深い素材が提供されたことを、積極的に評価すべきだろう。

基本指針に敷衍された動物愛護についての考え方は、動物の命を大量に奪うことも許容せざるをえない現実を直視し、しかし、それでいて、人と動物との生命的連続性の承認により、動物の命への感謝と畏敬を動物の取扱い方にできるだけ反映し、人間社会のよき情操を育てようとするものである。つまり、現在の日本法のもとで、人が動物をまもる根拠は、人間側の価値や利益の序列と最終的につながっている。そして、そのような人間的な価値や利益を維持増進するにはどのような手段を用いるのが有効で妥当なのかという観点から、動物利用と動物保護の範囲と態様が、具体的な場面に応じて個別に決められている。

たとえば、動物愛護管理法が個体としての動物をまもる、そのやり方についていえば、刑罰その他の制裁力を背景に、法が人間に対して一定の行為を禁止したり、義務づけたりすることによって、それが行われる。

このように、人間側の価値や利益とつねに関係づけて、動物愛護（動物保護）の問題を考えてゆくことは、人と動物が地球という生態系のなかで同等の価値をもつという考え方を強調する立場からは、やや偏った見方といえるかもしれない。

しかし、このことは、国家による強制に最終的に担保された行動規範（禁止・命令）が、人権を中心価値とする憲法体系のもとにある法律を通じて、ほかならぬ人に向けて、人の規範意識に訴えるかたちで公布施行されるものであるかぎり、仕方のないところもある。

たとえば、個体としての動物を保護するための強力な規範として動物愛護管理法上の動物虐待関連犯罪が存在するが、その保護対象となる「愛護動物」の選び方は、あくまでも人との関係性の親疎を考慮して決められている。

また、種としての価値はどの動物も抽象的には同じかもしれないが、少なくとも、増えすぎた害獣と希少動物では、人が行うべき保護活動の必要性がまったくちがう。増えすぎた動物種については、むしろ生態系の維持や人間への被害防止のためにそれ以上増やさないように対策を講じ、それでも不十分なら駆除して個体数を適正規模に管理する必要すら生じる。

希少動物種保護の問題は本書ではくわしく取り上げなかったが、その問題は第6章でみた特定外来生物種の防除の問題と、連続線上にあることがらである。第2章および本章冒頭に示した分類の表現を使えば、「動物種保護法」と「人＝動物共生法」は、生物多様性の確保という「かすがい」によって連続しているのである。

第Ⅲ部　これからの動物法

第9章——動物法の現状

動物の「福祉」はどこまで進んだか

1　人と動物の関係の重層性

人と動物の関係は重層的である。

人が動物をいつくしみ、人が動物とともに支えあって生きてゆく場面がある一方で、めずらしい動物を高額売買したり（白輪剛史、二〇〇七年）、動物の危険性から人が身を守るためにその命を奪ったり、動物を殺して食べたりする場面もある。また、それらの問題を眺めるうえで、動物を個体としてとらえるか、個々の動物を超えた種として考えるか、という視点の多層性もあった。

このような、複雑で多角的な関係性は、日本を含む世界のあちこちで、歴史上、きわめて古くから存在してきた（国立歴史民俗博物館、一九九七年／中澤克昭、二〇〇九年）。動物「法」という視点からは、このような関係性が「事実」として存在すること自体よりも、むしろ、そのうちのどのような局面の社会的重要性が大きいと考えられ、したがってその局面を規律する社会的ルールづくりが必要だと考えられてきたかという「認識」の進化や変遷の問題が、より重要である。

その見地からわが国の近年の状況をみると、法がもっとも活発に、そしてもっとも大きく動き始めたのは、「人が個体としての動物を保護する」という局面についてであるといってさしつかえないだろう。

そのような変化が現れてきた背景はなにか。日本社会における動物一般への配慮の必要性についての哲学的・理念的な認識が深化したという理由もあるが、より大きな牽引力となったのは犬や猫を中心としたペット動物の社会的重要性についての認識が高まったことであろう。人生の「伴侶」としての動物という観点から、ペットに代えてコンパニオン・アニマルというよび方も、しばしば使われるようになってきた。スーパーのペットフード、ペット用品コーナーは、充実の一途をたどっているし、ペット飼養が可能なマンションの数も増えてきている。

そのような社会の動きは、法の世界の変化をも触発する。

2　動物の福祉と五つの自由

このような状況に照らして、多面的・多元的な動物法のなかに多かれ少なかれ見出される現代的な特徴をひとつ抽出すると、それは「個体としての動物への配慮が法の中に組み込まれていること」である。

その「動物への配慮」の仕方につき、日本法の現状を分析・評価するにあたり、イギリスを中心に提唱されている、「動物の福祉」(animal welfare) という概念が役に立つ。

動物への配慮に関する日本の基本法というべき動物愛護管理法のなかには、「動物の福祉」という用語は出てこない。法的な概念として使用にたえるほど十分に熟していないという理由のほか、訳語選択がむずかしいという理由もある。たとえば、佐藤衆介氏は、「ウェルフェア」と「福祉」がともに生活の良質性をあらわす言葉でありながら、「ウェルフェア」は「個体の情動の重視」であるのに対し、「福祉」は「個体の存在状態と次世代への継続の重視」(生物学的適応度の重視) であるという、微妙なちがいがあることを指摘している。同氏は、そのような理由で、animal welfare を「アニマルウェルフェア」と原語の発音のまま表記し、「動物の福祉」と日本語に翻訳することを意識的に避けている (佐藤衆介、二〇〇五年)。

傾聴に値する見解だが、「アニマルウェルフェア」というカタカナ表記は、「動物の福祉」以上になじみが薄いので、本書では以下、animal welfare の訳語として「動物の福祉」(または「動物福祉」) を使うことにしたい。

「動物の福祉」という概念は、欧米諸国において、動物への配慮を具体化する指導原理として、倫理上のみならず、法律上もすでに広く受け入れられている。

一九七八年に年に発効した「畜産目的で飼養されている動物の保護のためのヨーロッパ条約」(European Convention for the Protection of Animals Kept for Farming Purposes) を例にとる。同条約では、締約国は、「動物福祉の諸原則を実効あらしめなければならない」(shall give effect to the principles of animal welfare) と規定されており、具体的につぎのような諸原則を列挙している。

動物種とその発育・適応・馴化の程度に配慮しつつ、確立した経験と科学的な知識に合致するかたちで、生理学的・動物行動学的な必要に適切に応じ、動物に舎屋・食餌・水・世話を与えるべきこと。

動物種に配慮しつつ、確立した経験と科学的な知識に合致するかたちで、生理学的・動物行動学的な必要に適切に応じ、動物にふさわしい移動の自由が不必要な苦痛や負傷を惹起するようなやり方で制限されてはならないこと。

動物が継続的または規則的につながれまたは閉じ込められている場所では、確立した経験と科学的な知識に合致するかたちで、生理学的・動物行動学的な必要に適切に応じ、動物に空間が与えられるべきこと。

動物が収容されている場所における、明るさ、温度、湿度、空気循環、換気、そして、ガス濃度、騒音の強さといったその他の環境条件は、動物種とその発育・適応・馴化の程度に配慮しつつ、確立した経験と科学的な知識に合致するかたちで、生理学的・動物行動学的な必要に適切に応じたものであるべきこと。

不必要な苦痛や負傷を惹起しうるやり方で、または、不必要な苦痛や負傷を惹起しうるような物質を含むかたちで、いかなる動物も食物や液体を与えられてはならないこと。

動物の健康状態は、不必要な苦痛を避けるのに十分な頻度で、近代的な集中畜産システムのなかで飼養されている動物の場合、最低でも一日一回は、綿密に検査されるべきこと。

近代的な集中畜産システムで使われている技術的設備は、最低でも一日一回は綿密に検査され、そして、発見されたいかなる不具合も、可及的すみやかに補修されるべきこと。不具合がただちに補修できないときは、動物の福祉をまもるのに必要なあらゆる一時的措置がただちにとられるべきこと。

この条約は一九七〇年代後半につくられたものであるが、これらの諸原則に含まれている動物福祉の内容は、イギリスの畜産動物福祉協議会（FAWC; Farm Animal Welfare Council）、とりわけその創設者の一人であるジョン・ウェブスターによって、一九八〇年代なかばから九〇年代前半にかけてさらに整理され、簡明なかたちで定式化されるにいたる（この間の事情につきRadford, 2001: 264-265）。

そして現在、動物福祉を分析するための枠組みとして、広く承認されているのは、FAWCによって定式化されたいわゆる「五つの自由」（The Five Freedoms）である。その内容は具体的にはつぎのようなものである。

①十分な健康と活力を維持するための新鮮な水と食餌の提供による「飢えと渇きからの自由」。
②風雨からの退避施設や快適な休息場所を含む適切な環境の提供による「不快からの自由」。
③予防や迅速な診断と処置による「苦痛、傷害、疾病からの自由」。
④十分な空間と適切な施設で同一種の仲間とともに過ごすことによる「正常な行動を発現する自由」。
⑤心理的な苦痛を回避する条件と取扱い方を確保することによる「恐怖と苦悩からの自由」。

これらの福祉原則は、もともとイギリスの畜産動物を念頭に置いて考案されたものではあるが、その内容からみてイギリスという地域に限定される理由はないし、畜産動物にだけかかわるわけでもない。

実際、イギリスの包括的な最新の立法である「二〇〇六年動物福祉法」(Animal Welfare Act 2006) は、これらの諸自由の推進を、畜産動物に限らず人間以外の脊椎動物全体について妥当する基本的ルールとして、法のなかに取り込んでいる。

同法には、動物の福祉を確保すべき動物飼養者等の義務が規定され、飼養者等が、「動物の要求」(the needs of an animal) が適切に満たされるよう当然すべき場合に責任ある行動をとらないことが犯罪になる。そこで列挙されている「動物の要求」の内容は、適切な環境への要求、適切な食餌への要求、正常な行動様式を発現できる要求、ほかの動物と一緒にまたは別々に飼育されなければならない要求、苦痛・苦悩・負傷・疾病から保護されるべき要求、という五種類である。

これらは、上述の「五つの自由」の内容と、ほぼ重なりあっている。

こういった自由の程度は、客観的・科学的に推定しうる場合も多いので、地域や動物種をいっさい問わず、人間の支配下にあるあらゆる動物について拡張可能な一般性をもっている。つまり、「五つの自由」は、現行日本法における動物の福祉の水準を評価する「ものさし」としても、利用可能である。

ただし、ある特定の状況下に置かれた動物の福祉という事実状態を測定するのではなく、「五つの自由」がどこまで保護されているかを、法という規範の世界のなかで評価するためには、つぎのような分析視点も、あわせて必要になるだろう。

①法が保護推進する自由の内容と範囲。すなわち、法は、どのような内容の自由をどの範囲の動物について保護・推進しようとしているかという視点。

②関連する法ルールの法規範階層上の地位。すなわち、当該ルールは、憲法→法律→命令→条例→その他といった法規範の階層構造のなかのどのレベルにあるかという視点。

③法的介入の段階。すなわち、自由への侵害（またはその危険）がある場合、どの段階で法が関与するか（たとえば将来の侵害予防か現在の侵害排除か過去の侵害制裁か）という視点。

④法的関与の性質と強さ。すなわち、当該法ルールは、なんら制裁をともなわない宣言規定か、なんらかの制裁をともなうのか。制裁をともなう場合、民事的なものか、行政的なものか、はたまた刑事

的なものか。そしてその制裁の重さはどの程度のものかという視点。
⑤法実現を促す主体。すなわち、だれが当該法規定を根拠に動物の福祉のためのイニシアチブをとるのかという視点。

3　日本法の動物福祉

まず、わが国には、憲法のレベルには動物の保護や福祉に直接言及する規定はない。憲法に動物保護規定がないとわざわざことわるのは、動物保護の要請が憲法規定まで高められている国もあるからである。

ドイツ連邦共和国基本法（＝ドイツの憲法）には、二〇〇二年の改正で、国の自然的生活基盤の保護義務が規定され、「国は、来たるべき世代に対する責任を果たすためにも、憲法的秩序の枠内において立法を通じて、また、法律及び法の基準にしたがって執行権および裁判を通じて、自然的生存［生命］基盤および動物を保護する」（初宿正典・辻村みよ子、二〇〇六年）という条項が入った。

ドイツにおいては、大量飼育、輸送、と畜、実験などで動物に苦痛を与える行為は、「動物保護法」（Tierschutzgesetz）によって禁止されてはいるが、その法益の保護は法律のレベルでの保障にとどまるため、学問の自由や人格権などの憲法上の基本権に劣後せざるをえない状況にあった。

本規定が憲法に挿入されるにいたったきっかけとなったのは、二〇〇二年のドイツ連邦裁判所の判決であった。同判決は、トルコ人のイスラム教徒の肉屋に対し、麻酔なしのと畜についての例外的許可を与えなかった郡長の決定を支持した行政裁判所判決と上級行政裁判所決定を、肉屋の人格権を侵害するものとして破棄差戻しした。この判決は、イスラム教徒からは好意的に受けとめられたが、動物保護団体とそれを後押しした世論は、動物保護政策を強化するためにむしろ基本法中に動物保護規定を盛り込むべきだと主張し、その主張が実際に基本法の改正のうちに実現したものである（渡邉斉志、二〇〇二年）。

日本法では、動物愛護の必要性が「法律」のレベルで規定されているにすぎないので、ドイツとの比較では規範の置かれる階層上の高さという観点からはわが国が劣ることになるが、国際的にみるとドイツがむしろ例外なのであって、動物福祉が憲法レベルで保障されていないからといって、日本の動物保護の水準が劣っていると判断することはできない。むしろ、問題は、動物の福祉を守り増進するために、法律のレベルでなにをどう決めているか、ということである。

わが国では、動物の福祉に関する法律上の規定は、第4章で検討した「動物の保護及び管理に関する法律」に集約されている。その規定の概要は第4章に述べたので、ここでは繰り返さないが、相次ぐ改正を経て、同法は、基本原則、飼主の責任、特定動物（危険動物）の管理、生活環境悪化防止、動物虐待の禁止、動物取扱業規制、行政による犬猫の引取り、啓蒙活動、動物実験の倫理（三R）といった諸問題につき、イギリスなどの最先進国にこそおよばないものの、動物の福祉への配慮がかなり行き届いた、充実した法規定を急速に備えつつある。

こういった法律レベルのルールを受けて、より下位の法規範である命令や告示（左の「一覧」参照）、さらには地方自治体が独自に制定するさまざまな条例により、動物保護管理に関するルール（指針のようなやわらかな規範も含む）が具体化され、補足されている（ペットフード安全法に係るものは除く）。なお、「一覧」の命令・告示のなかにはその後改正されたものもある。

〈命令・告示の一覧〉

動物の愛護及び管理に関する法律施行規則（平成一八年一月二〇日環境省令第一号）、第一種動物取扱業者が遵守すべき動物の管理の方法等の細目（平成一八年一月二〇日環境省告示第二〇号）、第二種動物取扱業者が遵守すべき動物の管理の方法等の細目（平成二五年四月二五日環境省告示第四七号）、特定飼養施設の構造及び規模に関する基準の細目（平成一八年一月二〇日環境省告示第二一号）、特定動物の飼養又は保管の方法の細目（平成一八年一月二〇日環境省告示第二二号）、動物の愛護及び管理に関する施策を総合的に推進するための基本的な指針（平成一八年一〇月三一日環境省告示第一四〇号）、家庭動物等の飼養及び保管に関する基準（平成一四年環境省告示第三七号）、展示動物の飼養及び保管に関する基準（平成一六年環境省告示第三三号）、実験動物の飼養及び保管並びに苦痛の軽減に関する基準（平成一八年環境省告示第八八号）、産業動物の飼養及び保管に関する基準（昭和六二年総理府告示第二二号）、動物が自己の所有に係るものであることを明らかにするための措置（平成一八年環境省告示第二三号）、犬及び猫の引取り並びに負傷動物等の収容に関する措置（平成一八年環境省告示第二六号）、動物の殺処分方法に関する指針（平成七年七月四日総理府告示第四〇号）。

これらの命令・告示のレベルになると、前述の「五つの自由」を保障するためのルールが、かなりきめこまやかに規定されている。

たとえば、犬や猫に代表される家庭動物等の飼養及び保管に関する基準では、飼主は、命あるものである家庭動物等の適正な飼養および保管に責任を負う者として、動物の生態、習性および生理を理解し、愛情をもって家庭動物等を取り扱うとともに、その所有者は、家庭動物等を終生飼養するように努めること、などの基本原則のもと、飼養の基準を定めている。

具体的に一例をあげると、飼主は動物の健康と安全を保持するため、動物等の種類、生態、習性および生理に応じた必要な運動、休息および睡眠を確保し、ならびにその健全な成長および本来の習性の発現を図るように努めることとされている。

同様のきめこまやかな飼養基準は、それぞれの動物種の特性や飼養目的に応じて修正されたうえで、展示動物の飼養および保管に関する基準、実験動物の飼養および保管ならびに苦痛の軽減に関する基準においても定められている。

その他、「第一種動物取扱業者が遵守すべき動物の管理の方法等の細目」においては、動物を取り扱う専門業者（主としてペット業者を念頭に置いている）としての重い責任を考慮して、いっそう細かい管理方法が定められており、その多くが動物の福祉に直接かかわる性質をもつ。

具体的な管理の細目をすべて紹介することはあまりに繁雑なのでやめておくが、動物の飼養・保管の方法については、つぎのような要請が含まれている。

（イ）飼養または保管をする動物の種類および数は、飼養施設の構造および規模ならびに動物の飼養または保管にあたる職員数に見合ったものとすること。（ロ）ケージ等の外で飼養または保管をしないこと。ただし、管理を徹底したうえで一時的にケージ等の外で飼養または保管をする場合にあっては、この限りでない。（ハ）ケージ等に入れる動物の種類および数は、ケージ等の構造および規模に見合ったものとすること。（ニ）異種または複数の動物の飼養または保管をする場合には、ケージ等の構造もしくは配置または同一のケージ等内に入れる動物の組み合わせを考慮し、過度な動物間の闘争等が発生することを避けること。（ホ）幼齢な犬、猫等の社会化（その種特有の社会行動様式を身につけ、家庭動物、展示動物等として周囲の生活環境に適応した行動がとられるようになることをいう。以下同じ）を必要とする動物については、その健全な育成および社会化を推進するために、適切な期間、親、兄弟姉妹等とともに飼養または保管をすること。（ヘ）保管業者および訓練業者にあっては、飼養または保管をする動物間における感染性の疾病のまん延または闘争の発生を防止するため、親、子、同腹子等とともに飼養または保管をすることが妥当であると認められる場合を除き、顧客の動物を個々に収容すること。競りあっせん業者が、競りの実施にあたって、当該競りに付される動物を一時的に保管する場合にも、同様の措置を講ずるよう努めるものとする。(ト) 動物の生理、生態、習性等に適した温度、明るさ、換気、湿度等が確保され、および騒音が防止されるよう、飼養または保管をする環境(以下「飼養環境」という)の管理を行うこと。とくに、販売業者が、夜間(午後八時から午前八時までの間をいう。以下同じ)に犬および猫以外の動物の展示を行う場合には、明るさの抑制等の飼養環境の管理に配慮すること。(チ) 動物の種類、数、発育状況、健康状態および飼養環境に応じ、餌の種類を選択し、適切な量、回数等により給餌および給水を行うこと。(リ) 走る、登る、泳ぐ、飛ぶ等の運動が困難なケージ等において動物の飼養または保管をする場合には、これによる動物のストレスを軽減するために、必要に応じて運動の時間を設けること。(ヌ) 販売業者、貸出業者および展示業者であって、夜間に営業を行う場合にあっては、当該時間内に顧客、見学者等が犬または猫の飼養施設内に立ち入ること等により、犬または猫の休息が妨げられることがないようにすること。ただし、特定成猫(生後一年以上であり、かつ、午後八時から午後一〇時までの間に展示される場合には、休息できる設備に自由に移動できる状態で展示されている猫を指す)については、夜間のうち展示を行わない間に顧客、見学者等が特定成猫の飼養施設内に立ち入ること等により、特定成猫の休息が妨げられることがないようにすること。(ル) 販売業者および展示業者にあっては、長時間連続して展示を行う場合には、動物のストレスを軽減するため、必要に応じてその途中において展示を行わない時間を設けること。とくに、長時間連続して犬または猫の展示を行う場合には、その途中において展示を行わない時間を設けること。（ヲ）展示業者および訓練業者にあっては、動物に演芸をさせ、または訓練をする等の場合には、動物の生理、生態、習性等に配慮し、演芸、訓練等が過酷なものとならないようにすること。（ワ）貸出業者にあっては、貸し出した動物が撮影に使用される場合には、動物本来の生態および習性に関して一般人に誤解を与えるおそれのある形態による撮影が行われないようにすること。また、貸出先において、動物に過度の苦痛を与えないよう、利用の時間、環境等が適切に配慮されるようにすること。（カ）一日一回以上巡回を行い、動物の数および状態を確認するとともに、その実施状況について記録した台帳を調製し、これを五年間保管すること。（ヨ）動物の死体は、すみやかにかつ適切に処理すること。（タ）動物の鳴き声、臭気、動物の毛等、ねずみ、はえ、蚊、のみその他の衛生動物等により、周辺の生活環境を著しく損なわないようにすること。とくに、飼養施設が住宅地に立地している場合にあっては、長時間にわたる、または深夜における鳴き声等による生活環境への影響が生じないよう、動物を管理すること。（レ）動物の逸走時に備え、必要に応じて捕獲体制の整備、個体識別の実施等の措置を講じること。（ソ）販売業者、展示業者および貸出業者にあっては、野生由来の動物を業に供する場合には、その生理、生態および習性をふまえ、飼養可能性を考慮して適切な種を選択すること。また、その生理、生態および習性をふまえて、必要に応じた馴化措置を講じること。

これらの管理方法の細目には「動物の福祉」という言葉こそ使われていないが、その内容をみると、①飢えと渇きからの自由、②不快からの自由、③苦痛、傷害、疾病からの自由、④正常な行動を発現する自由、⑤恐怖と苦悩からの自由、といった指標で測ることができる動物の福祉に正面から配慮したものとなっている。

ただし、動物福祉のいっそうの推進という立場からは、現在の日本法には、もちろん課題もある。たとえば現時点では動物取扱業の定義から、「畜産農業に係るもの及び試験研究用又は生物学的製剤の製造」のために飼養・保管している動物は除かれているし、諸基準や細目のうち、産業動物の飼養および保管に関する基準は、家庭動物・展示動物・実験動物に関する基準に比べるときめが粗い。

同基準には、産業動物の管理者・飼養者は、産業動物の生理、生態、習性等を理解し、かつ、責任をもって飼養するように努めること、具体的には、産業動物の衛生管理および安全の保持に関する知識と技術を習得するように努めること、産業動物の飼養または保管にあたっては、必要に応じて衛生管理および安全の保持に必要な設備を設けるように努めること、管理者および飼養者は、産業動物の疾病の予防および寄生虫の防除のため、日常の衛生管理に努めるとともに、疾病にかかり、または負傷した産業動物に対しては、すみやかに適切な措置を講じ、産業動物の衛生管理および安全の保持に努めること、産業動物の使役等の利用にあたっては、産業動物の安全の保持および産業動物に対する虐待の防止に努めること、といった一般的な努力を求める規定があるにとどまる。

以上のことから、法律の下位にある告示のレベルまで下りたうえで、日本の動物法の到達度を「動物の福祉」(五つの自由)という観点から評価すると、いちばん進んでいるのは、家庭動物・展示動物に関するルールである。これらについては、告示の形式をとった細目や基準により、流通過程や飼養段階で、かなり具体的なルール（努力目標も含む）がすでに定められている。

つぎにくるのは実験動物である。実験動物施設は、動物取扱業の範疇から除外されているため、動物の愛護および管理に関する法律に定められた動物取扱業に関する法規定や動物管理細目が適用されないものの、別途定められた実験動物の飼養および保管ならびに苦痛の軽減に関する基準を通じて、実験目的達成に支障をおよぼさないことに配慮しつつも、動物の健康・安全の保持と動物の生理・生態・習性に応じた適切な施設を整備するよう努力すべきこととされている。

現時点で相対的に遅れているのは、産業動物の福祉についてのルールづくりである。このことはヨーロッパ起源の動物の福祉という概念が、もともと産業動物（畜産動物）への配慮から出発したのと、好対照をなしている。

動物の福祉をさらに充実させるという観点からは、今後、わが国の動物法が、これらのさまざまな属性をもった動物につき、どこまで均質で高度なルールを動物福祉の観点から定めてゆくことができるか、そして、そのルールを告示レベルから法律レベルにどの程度取り込んでゆき、たんなる努力目標をどこまで強制力のある（違反に対する法的制裁がある）ものにしてゆけるかが課題になる。

第10章——動物法の未来

動物に「権利」はあるのか

1　動物の「福祉」と「権利」

前章で日本法における動物の福祉の実現状況をみた。「五つの自由」に代表される動物側の利益が、とくにこの数年の間に、法制定や基準等の作成を通じて、かなりの程度、日本法のなかに取り込まれてきていることがわかった。

では、動物の福祉が法的に手厚く保護されるということは、即座に、動物の権利が認められたということになるのだろうか。

わが国の法は、「人」と「物」を二項対立的にとらえ、それを法的世界のもっとも重要な区分のひとつとしている。このことは市民社会の基本法典ともいうべき「民法」の構成をみれば一目瞭然である。すでに第8章で説明したことだが、もういちど述べると、わが国の民法の第一編は総則と題され、民法全体にかかわる一般規定が置かれている。その第一章は「人」、第二章は「法人」、そして第三章が「物」と題されている。個々の人間を、法人と対比して自然人とよぶ。民法は自然人と法人をあわせて「人」とよび、その両者が法律上の権利の「主体」となる。それに対して、「物」は自然人でないことは明らかだから、法人にならないかぎり、権利の「客体」にとどまる。つまり、権利主体たる「人」と、権利の客体でしかない「物」との間には、深い断絶がある。

さて、このような、「人／物」二元論のもとで、動物は「物」に分類される。血の通った動物を「モノ」といいきることには、日本語の常識的な語感からは違和感があるかもしれないが、たとえば、民事法上、動物を所有権の客体として原則として所有者の使用・収益・処分にまかせ、あるいは、刑事法上、動物を財物の一種として財産罪（窃盗罪や器物損壊罪など）の客体として理解すべき側面を放棄できないことは、遠い未来のユートピアではなく現在の人間社会を前提とする場合は、当然のことだといえよう。

しかし、その一方で西欧法に目を向けると、「人／物」二元論にもとづいて動物を「物」とみなす法学の古い伝統にもとづく世界観が近年揺らぎ始めていることも、また確かなのである。

たとえば、ドイツの民法に、一九九〇年に挿入された規定をみよう。

同法九〇条は「物」（Sache）の定義規定であり、「この法律において物とは、有体物のみをいう」としている。日本の民法が規定する物の定義も、これとほぼ同一である（八五条）。ところが、一九九〇年八月二〇日の法律によって新設されたドイツ民法九〇a条は、「動物は物ではない。動物は特別の法律によって保護される。動物については、物についての規定を、ほかに規定がないかぎり準用する」と規定した。

「動物は物ではない」という、簡明で力強いこの宣言によって、動物は、ドイツ民法典上、「人」でも「物」でもない第三のカテゴリーとして位置づけられたことになる。

このような実体法上の変容には手続法の改正もともなっている。ドイツ民事訴訟法（ZPO）の強制執行に関わる規定のなかに、処分が動物に関わるときは、執行裁判所が行う考量に際して、「動物に対する人間の責任」を顧慮しなければならず、非営利目的で家庭内飼育されている動物は、原則として差押えできないことも規定された。

ドイツ民事訴訟法にいう「動物に対する人間の責任」という言葉は、一九八六年のドイツ動物保護法の冒頭に置かれた、「この法律の目的は、同じ被造物たる動物に対する人間の責任により、動物の生命と福祉を保護することにある。何人も、動物を理由なく痛めつけ、悩ませ、傷つけてはならない」という規定に使われているのと同じ表現である。民法や民事訴訟法の動物関連規定の改正・追加は、動物保護法に明確に宣言されたこの基本精神を受けたものなのである。

もっとも、ドイツ民法九〇a条の規定は、「特別な規定がないかぎり動物には物に対する規定を準用する」としているので、動物は物ではないと抽象的に宣言したあとも、動物は基本的には動産あるいは財物として扱われる。同条ができたからといって、動物の民法上の扱いが劇的に変化することはなかった。ただ、法の基本的な世界観のレベルで、この規定が置かれることにより、象徴的な意味での大変化が起こったのである。

ドイツと同じくフランスでも、法理論上、動物をたんなる「物」ではなく、むしろ「人」に近い存在として扱おうとする立場が台頭してきている。

たとえば、一九九〇年代に全面改正が実現したフランス刑法典の例がある。フランスでは動物虐待罪が特別法ではなく基本法典のひとつである刑法典上に規定され、もともとは「財産に対する罪」という分類の下に置かれていた。しかし、全面改正により規定の位置を動かし、「身体に対する罪」「財産に対する罪」「国家・公共の安全に対する罪」とならぶ「その他の罪」という分類のなかに動物虐待罪を入れるにいたった。「その他の罪」という同一分類に入れられたのが、人間の臓器に関わる犯罪や人間の胚に関する犯罪であることからも、フランス刑法上の動物の地位が、「物」から「人」に一歩近づいたと評価できよう。

さらに、後述するように、フランスの法学者のうちには、すでにフランス法上動物は「法人格」をもっている、とはっきり主張している人もいる。そこまでいくと、いよいよ、動物の「権利」の問題が法の世界で現実の意味をもってくる。

ここで、あらためて、「動物の権利」という言葉がいかなる含意をもつものか、検討してみよう。

たとえば、世界人権宣言が出された三〇年後に、ユネスコ本部で発表された「世界動物権宣言」は、動物の生存権、尊敬される権利、虐待されない権利、野生生物が固有の環境のもとに生きる権利、家畜などが固有の生命・自由のリズムと条件に従って生きる権利、コンパニオン・アニマルが天寿をまっとうする権利、労役動物の食餌・休息権などを、あたかも「人権」同様のものであるかのごとく規定している。

ただし、これらが一種の努力目標であることは明らかであり、この宣言を出すにあたって中心的な役割を果たした「フランス動物の権利連盟」も、宣言は「一般的な倫理原則」を示すものであって、「この宣言のうちに人間と動物の関係についての現実的な準則を見出そうとするのはまちがっている」と述べている。

「動物の権利」(animal rights)という考え方は、「動物の福祉」(animal welfare)との対比で理解すべきものである。

「動物の福祉」を重視する福祉主義者の立場は、人間以外の動物を研究目的で利用したり、食用に飼育したり、スポーツや営利のために動物を狩猟したりわなにかけたりすることは、それらの活動によって得られる全利益が動物の受忍する苦痛を上回るときには、許容される(悪いことではない)と考える。ここでは、動物に不必要な苦痛を与えず、人道的に取り扱うべきことが重視される。

これに対し、「動物の権利」論者は、実験室であれ、農場であれ、野生状態であれ、人間が人間以外の動物を利用することは原則として悪いことであり、止めねばならぬと考える。「動物の福祉」という考え方は功利主義を動物に応用したものであるのに対し、「動物の権利」という考え方は人間側の利益は動物を取り扱う際の善悪判断と無関係だとするものである。

これら二つの倫理思想は、現実には、微妙に変化する幅広いスペクトルとして存在している。カナダの動物倫理学者スタイベル（David Sztybel）によれば、「動物の福祉」という言葉は、「不必要な虐待を禁止して動物を人道的に扱う」ことを意味するが、そこにはつぎのようなニュアンスに富んだ諸見解が含まれているという（Bekoff, 1998）。

①動物搾取者の「動物の福祉」（animal exploiters' animal welfare）
②常識的な「動物の福祉」（commonsense animal welfare）
③人道主義的な「動物の福祉」（humane animal welfare）
④動物解放主義者の「動物の福祉」（animal liberationist animal welfare）
⑤新福祉主義（new welfarism）
⑥動物の福祉／動物の権利主義（animal welfare/animal rights views）

①は、動物を商業・娯楽目的で利用する者が動物をよく扱おうというもの。②は、動物を虐待しないで親切に扱おうという通常人の漠然とした考え。③は、動物の虐待には反対するが、動物搾取的な産業や習慣（たとえば毛皮産業、狩猟、工場畜産、動物実験）の多くには反対しないというもの。④は、いくつかのタイプの生体解剖（vivisection）を認容しつつも、動物の苦悩（suffering）を最小限にしようとするもの。⑤は、長期的な目標を動物の権利に置きつつも、短期的には動物の福祉をめざ

すもの。⑥は、動物の権利と福祉をはっきり区別しない立場である。

このようなニュアンスに富んだ「福祉」のさらに先に、「権利」が語られることになるが、従来の多くの言説、とりわけ非法律家によってなされる議論においては、「権利」と「福祉」の概念上のちがいが、さほど厳密に区別されてこなかったうらみがある。

動物の権利の名のもとに話題とされているのが、ニュアンスに富んだ一群の「倫理思想」であることも多い。「権利」とはいっても、厳密な法学的検討にさらされたものではなく、裁判実務上の応用可能性を念頭に置いたものでもない。

それは法的概念というより、むしろ倫理的な立場の表明であり、動物保護活動家たちのシンボリックな目標あるいは運動スローガンとして語られる場面が多い、といったほうがよさそうだ。

そのような「動物の権利」を、法律論の議論の土俵に載せるためには、いったん倫理思想の高みから実用のレベルに引き降ろし、同時に、政治的運動の灼熱からも救いだして、現実的な法概念として冷静に再構成しなければならない。

2　法学的な「動物の権利」

では、法学的な意味での「動物の権利」とは、どんな性質をもつ（もつべき）だろうか。権利の本質に関する法哲学的な論争があることはともかくとして、少なくともつぎのようなことがいえなければなるまい。

すなわち、動物に法的な意味における権利があるとしたら、当該動物の名において、その権利にもとづき、裁判所を通じてだれかに対してなんらかの請求をし、あるいは、当該権利の侵害に関して、裁判所を通じてだれかに対してなんらかの救済を求めることができなければならない。端的にいうと、動物が権利主体であることを、裁判所が承認しなければならない。

逆にいうと、それを裁判所が認めてくれない場合は、法学的な意味では、動物に権利があるとはいいがたい。

ところで、「動物の権利」とよく似た主張に、動物・植物・山・川・岩石などの自然物にも権利があるとする「自然の権利」という主張がある。

この考え方は、もともとアメリカで主張されたもので、アメリカには環境保護のために動物名を原告とした行政訴訟が提起されて、実際に動物に原告適格（行政訴訟を起こすことのできる法的資格）があると判断した裁判例が複数ある（山村恒年・関根孝道、一九九六年／畠山武道、一九九九年）。

わが国でもゴルフ場開発のための林地開発許可の取消を求める行政訴訟で、アマミノクロウサギ、アマミヤマシギ、オオトラツグミ、ルリカケスという四種の動物を訴状に原告として記載した例がある。一九九五年に提起されたこの訴訟は、「アマミノクロウサギ訴訟」あるいは「奄美自然の権利訴訟」として一躍有名になった。

もっとも、訴状を受けた鹿児島地方裁判所は、架空の原告人は訴状から排除されるべきだという理由で訴状却下した。そのため訴状の訂正が行われ、結局は「アマミノクロウサギこと誰々」というかたちで原告に人名が表記されるかたちになった。その後、同地裁は、二〇〇一年一月二二日に原告の訴えを却下する判決を下し、原告の控訴を受けた福岡高裁も二〇〇二年三月一九日にその控訴を棄却した。動物原告は、現在のわが国の法と裁判のもとでは認められなかったというほかない。

動物になんらかの権利を認め裁判の当事者とするという発想のレベルでは、自然の権利は動物の権利と連続している。しかし、これまでの本書の記述で明らかなように、動物の権利という表現により語られてきたものは、主として個体動物の虐待防止を内容とするものであり、地理的な限定こそあれ不特定の動物種一般を原告として表記した「アマミノクロウサギ訴訟」が提起した「自然の権利」とは、異質なものだといわざるをえない。

同訴訟の原告団の一員に加わった弁護士も、この訴訟で原告名に動物を表記したのは、ナチュラリストや環境NGOが環境行政訴訟法の原告適格を有することを象徴的に表明したかったからであり、それを動物愛護ないし動物の権利をテーマにしたものであるかのように理解するのは、「完全な誤解」であると断言している（山田隆夫、一九九八年）。

本書でも、動物の権利を自然の権利と区別し、前者を個体としての動物がもつ虐待防止や財産上の観点からの権利に限定して考える。

では、あらためて、日本法が前提とする「人／物」二元論を思い出してみよう。市民社会の基本法典である民法上のこの二元論を前提とするかぎり、世界は権利主体たる人と権利客体たる物から成り立っているのであるから、動物が権利主体たりうるためには、動物は物であってはならず、人（自然人か法人）でなければならない。

ヒト（ホモ・サピエンス）以外の動物を自然人とはよべないことは、議論の余地はない。なぜならば自然人はその定義からして、ヒトしか指さないからである。

そうなると、動物が法律上の「人」たりうるために、現行日本法上残された道はひとつしかない。それは動物を「法人」にすることである。

この発想は一見突飛に思えるかもしれないが、思考実験としては検討に値する。

3　動物は法人たりうるか

わが民法典は、法人の成立に関する一般規定をもっている。そこでは「法人は、この法律その他の法律の規定によらなければ、成立しない」という厳格な制限がつけられている。これを法人法定主義という。しかも、わが国の法律では、いまのところ動物を法人と構成する例は存在しないので、動物を法人となすことは現行法の解釈としては不可能であるとしかいいようがない。したがって、動物の法人格の問題は、わが国では現行法を改正しないと成り立たない議論、すなわち立法論に属することが明らかである。

念のためいうと、「動物の愛護及び管理に関する法律」のなかに動物殺傷罪・動物虐待罪・動物遺棄罪が存在することを根拠に、そこから動物の法主体性を導こうとするのは、短絡的な議論である。なるほど動物虐待罪規定は、動物を虐待することを禁じているが、そのような刑法上の義務の履行を要請する権利をもっているのは、動物ではなくむしろ国家である。動物が虐待から守られるのは、そのような国家の権利の反射的効果だと説明するのが適切である。

法人法定主義のもとでは、動物法人を認める法を新たに制定しないかぎり、動物を権利主体とみなすことは、そもそもできない。そうだとすると、そのつぎに問われるべきは、動物を「法人」とする立法を行うことにつき、原理的な障害があるか否かである。

この問題については、民法九五一条（当時）が「相続人のあることが明かでないときは、相続財産は、これを法人とする」と規定する「相続財産法人」の例を引きつつ法人観念の徹底した技術性を説いた末弘厳太郎氏の議論が、明快な解答を与えてくれるのではないだろうか。

末弘氏は、「法人格づけられた実体が社会的機能を営みながら社会構成分子として実在する場合だけが技術としての法人を利用すべき正規の場合で相続財産法人は特異なものだ」と考える学説を批判して、つぎのように論じている（末弘厳太郎、一九八〇年b）。

元来技術としての法人観念は権利主体なきところに権利主体あらしむるための技術にほかなら

ないのであるから、必要にしてかつ適当ないかなる場合にそれを利用しても差支えないわけであって、その利用を社団・財団等に法人格づける場合にのみ限定せねばならぬ理由は少しも存在しないのである。

このような立場からは、動物を法人と構成することになんら原理的な障害はなく、その当否は、法人技術を用いる実用的な意味がどれほどあるかという一点にかかってくる。動物を法人とすることの象徴的意味についての議論はいったん置き、どのような実用目的で動物を法人化しようとするのかを、具体的に考えてみなければならない。

動物にかりに法人格を与えるとしよう。その場合、動物は一定の範囲で権利主体になるといってよい。しかし、動物がもつべき「権利」の具体的内容をどう考えるかは、それ自体きわめて困難な問題である。この点について、従来の「動物の権利論」は反省を要する。なぜならば、権利というのは裁判を通じて主張しうる具体的な内容をもった権利（たとえば所有権、賃借権、抵当権、プライバシーの権利等々）の総称にすぎず、「動物の権利」と漠然というだけでは、どのような内容の権利を想定しているかは判然としないからである。

なお、動物に法人格を与えることは、自然人と同じ権利をすべて付与することではけっしてない。現在の人間社会を前提とするかぎり、動物の権利の中心的内容は、せいぜい「不必要に殺されたり虐待されたりせず天寿をまっとうする権利」にとどまるのではないか。そしてそのような内容の権利を動物に認めた場合、その権利を与えることによってなにが新たに可能になるのか。たとえば、裁判所を通じて、飼主に虐待されている動物を救いだすために、あるいは、遺棄されたり飼主がいなくなってしまったりした動物に食餌を与えるために、法人格付与という法技術を使うことで、動物に権利主体性を認めない現行法よりすぐれたあるいは有益な解決ができるようになるのか。これが問題の核心である。

いまかりに、動物愛護管理法に規定された動物虐待関連犯罪の処罰があまり行われないわが国にあって、当該動物虐待関連罪の規定以外には動物を保護する有効な司法的手段が欠けているという認識に立つとしよう。そのような場合には、立法によって「動物法人」を認め、動物を遺棄した飼主に対する扶養請求や食餌代相当分の金銭の請求、動物虐待者に対する虐待行為の差止請求、そして場合によっては損害賠償請求などを、動物の名において、裁判所で申し立てられる制度を創出する意義はあるかもしれない。

ただし、その場合でも、動物自身は裁判を起こすことが現実にはできないから、動物法人を認めるとしたら、権利主体たる動物法人になりかわって、自然人（または自然人の集合体）が実際は裁判を起こすしかなさそうだ。

フランスには、このような考え方を実際に主張している学者もいる。リモージュ大学のマルゲノー教授である（Marguénaud, 1992）。マルゲノーは、現行フランス法の（立法論ではなく）解釈論として、動物に法人格が与えられるべきだという議論を展開している。そうすることにより、遺棄された動物を保護した動物保護団体が、のちにその飼主を特定できた場合に、飼主に対して、動物の世話をするのにかかった費用を請求できるようにするという、現実的な効果を狙った主張である。

ところで、フランス法上、自然人を「ペルソンヌ・フィジーク」(personne physique)、法人は「ペルソンヌ・モラール」(personne morale)という。「ペルソンヌ」は「人」という意味であり、「フィジーク」は「有形の」、「モラール」は「無形の」という意味をもつ形容詞である。言葉の意味を忠実に訳すならば、いわば「無形人」とでもいうべき言葉を、日本法でいう「法人」を意味するものとして使っていることになる。ここからわかるように、フランス法でも、従来、法人として典型的にイメージされるのは多数の人の「集合体」(=「無形の」抽象物)である。そこに権利の帰属を認め、その集合体そのものを権利主体とする。それがすなわち法人である。

ところが、動物は、無形ではなく有形(フィジーク)な存在であるから、「法人=無形人」という概念には、言葉の意味上、含めることができない。動物を、フランス法の用語上「法人」にあたる「ペルソンヌ・モラール」の範疇に入れることは、不可能なのである。

その一方、社団法人が個々の構成員の利益とは別に、集合体としての固有の利益をもつのと同様に、動物自体にも、「固有の利益」(飼主から虐待されないことなど)を想定できる。また、フランス刑事訴訟法上、動物虐待関連犯罪については、動物保護団体が理念的には一種の被害者として犯人に損害賠償請求をする制度(団体私訴制度という)が明文で認められているので、その場面では、動物保護団体は、動物のために動物になりかわって権利を行使する機関であると考えることもできる。その側面をとらえると、動物そのものを法人とし、その権利行使機関として動物保護団体を想定しても、あながち奇妙ではない。

このジレンマを解消するために、マルゲノーは、「ペルソンヌ・フィジーク」(有形人＝自然人)と「ペルソンヌ・モラール」(無形人)という二分法自体に変更を加え、それら二つの概念とならぶ第三類型の「人」として、「ペルソンヌ・アニマール」(personne animale＝動物人)という概念を案出している。

日本法とフランス法の概念や用語法のズレがあるため、やや議論が錯綜するが、このようなマルゲノーの提案を、もういちど、われわれになじみのある日本法の用語で整理するとつぎのようになる。フランス法上は、「人」には「自然人」のほかに「法人」もある。「法人」はさらに二つに分かれ、従来から典型的な法人とされてきた社団などの「無形人」と、法人格を与えられた動物、すなわち「動物人」がそこに含まれる。

法律上の人＝自然人＋法人
法人＝無形人＋動物人

ということである。

マルゲノーによって提唱された興味深い議論を可能にしているフランス法ならではの前提が少なく

とも二つある。ひとつは、フランス民法理論は、わが国とちがって法人法定主義をとらないことである。法人に帰属させるべき固有の利益があり、その法人の集団的意思表示の機関があるという二つの条件さえそろえば、法人格が広く認められるのである。もうひとつは、繰り返し述べているとおり、フランス刑事訴訟法上、動物虐待関連犯罪については、動物保護団体が私訴原告人として損害賠償請求権を認められていることである。

この二つを足がかりに、マルゲノーは、動物そのものに法人格を認め、その権利の行使機関として動物保護団体を想定することが可能になったのである。

この議論は、フランス実定法のなかに、動物の法人格を認めるための前提となる理論と制度が含まれているからこそ可能な議論なのであって、法人論の土俵がちがううえに団体私訴制度も存在しない日本法では、マルゲノーと同じ議論を現行法の解釈論として行うことはできない。

そのような前提を共有していないわが国においては、かりに動物法人を立法で認めるとしても、通常の社団や財団とちがって人的契機や契約的要素がない動物法人において、なぜ、一定の自然人や動物保護団体がその機関たりうるのか、という問題に直面せざるをえない。動物保護団体の法的権能が実定法上に明記され、最初からそれが前提されているフランスとちがって、動物法人についての立法をゼロから創出しようという場合には、この問題との対決を避けるわけにはいかないだろう。

その他にも難問は多い。そもそも、どのような動物が法人となりうるのか。それは現行の動物虐待罪で保護される動物の範囲と一致するのか。どのような自然人（団体）が機関たりうるのか。動物法人の始期と終期はどうなるのか。動物法人の性質上定款は想定できないにせよなんらかの登記は必要なのか。そしてなにより、どのような場合に、どのような内容の請求を、だれに対してできるのか。はたまた、機関たる自然人が不法行為を行った場合の責任はいったいどうなるのか。こういった問題をすべて解決して、現実の立法提案をつくりあげるのは、理論的にも技術的にも容易なことではない。

さらに、それらの理論問題が無事解決できたとしても、現実問題として法人の機関たる役目を引き受ける適当な主体がみつからないかもしれない。

フランスでは、動物虐待罪との関連で私訴制度を実質的に担っているのは動物保護団体であり、マルゲノーも保護団体を動物法人の機関に想定していたが、次章で述べるように、日本では動物保護団体にイギリスやフランスと同じ機能を期待できる社会的基盤はいまのところ整っていない。

こうしてみると、動物を法人とすること自体に原理的障害はなくとも、動物法人をめぐる理論的・立法技術的な困難が克服され、かつ、動物法人の機関として想定しうる動物保護団体の社会的信頼感が高度に醸成されないかぎり、動物保護のために法人技術を用いる実益は期待できないということになるだろう。

4　民法学者の議論——変化のきざし

動物法人を法原理的・立法論的には構想することは可能であるが、立法技術的な困難が大きく、現実的有益性も疑問があるとするこの結論を、私は、一九九九年以来、折にふれて発言してきた（青木人志、一九九九年、二〇〇二年a、二〇〇二年b、二〇〇四年、二〇一〇年）。

わが国の法学界においては動物保護問題（個体としての動物保護問題）への関心は従来あまり高くなかったうえに、動物に権利の帰属を認め動物を法人と構成することが原理的には可能であるとする発想が突飛だと受けとられたのであろうか、残念ながら私の議論に対して法学者の反応は当初はほとんどなかった。

しかし、状況がその後少し変化してきた。

たとえば、民法学者の小粥太郎氏は、「動物の権利」についてこう述べている（小粥太郎、二〇〇四年のち同二〇〇七年に収録）。

……動物愛護団体について、動物が虐待された場合にはその動物自身のために動物に代わって損害賠償請求をすることや、遺棄された動物の世話をした場合にその費用を飼主に償還請求することを肯定すべきことを示唆する見解がある。すなわち、動物に法主体性を認めて、損害賠償請求権、扶養請求権などの権利を与えるべきだというのである。実際、飼主に見捨てられた動物について、それ自身に損害賠償請求権を付与することで治療費などを支弁できるというメリットがあるかもしれない。また、飼主が動物の所有権を放棄してしまうと第三者が当該動物の世話をしても飼主に対して事務管理費用や不当利得として世話に要した費用の償還請求することは困難であろうことを考えると、動物自身に飼主に対する扶養請求権を付与するメリットもありそうである。

さらに氏は続ける。

仮に動物に法人格そして権利を与える意義があると考える場合には、さらにどのような法技術を介して動物に権利を与えるかが問題となる。上記の見解は、動物を人間と同視するのではなく、動物を法人に見立てて権利義務の帰属点とするというアイデアを立法論として語る（動物愛護団体が権利義務主体たる動物の財産管理人になるというイメージ）。動物を人間と同視するのは問題だが、動物を法人と構成するなら、必要かつ相当な範囲内で動物の権利能力を認めることが可能になるから、適切な結果がもたらされることが期待できる。

民法学者が、動物法人の可能性をめぐる私の議論にくわしく言及してくれたのは、小粥氏のこの論説がおそらく最初である。

その後、同じく民法学者の河上正二氏が、民法学の体系書のなかで「動物は物か?」というトピックを独立して扱い、「動物は物ではない」とする規定を新設したオーストリア民法典とドイツ民法典の動向に言及しつつ、「かかる規定の実際的意義がどの程度存在するのかは疑問であるが、動物保護の理念を明らかにした点では興味深い。動物愛護管理法の存在や、ペットに対する今日のさまざまな需要を勘案すると、将来的には、動物を財団法人類似の法人と構成して、一定範囲で権利義務の帰属点とするアイデアが実現する日が来るかもしれない。少なくとも、生命・感覚を持つ存在としての動物に一定の配慮をすることは、人間の尊厳の制度的基礎となってきた人・物の峻別と相容れない発想ではない」と述べている(河上正二、二〇〇七年)。

小粥・河上両氏とも、動物を法人と構成することに「一定の意義がありうること」を認めているので、将来、法技術的に練磨された立法論が出てくれば、「動物の法的権利」を、日本法上も承認できる抽象的な可能性はあると考えているようだ。

法人理論に大きな足跡を残した学者(サヴィニー)が、法人格を、人間以外の社会的実体の作用のうち、私法的・財産法的部分を法律的に把持するための拠点と位置づけていることからわかるように、法人論は典型的には私法(財産法)の領域の問題である(末弘厳太郎、一九八〇年a)。本章で紹介したマルゲノーの動物人をめぐる議論も、小粥・河上両氏の議論も、「動物の権利」の具体的内容として典型的に想定されるのは私法上の財産権である。

しかし、動物の権利の中心的内容としてまっさきにイメージされるのは「虐待されない権利」であり、これは、財産権ではなく、むしろ人身の自由に近い内容をもつ概念であるから、憲法上の権利として議論する余地も将来はあるかもしれない。その場合でも、やはり法人論を経由する実益はありそうだ。

「動物の人権」とストレートにいうと、動物と人間の峻別からして、明らかな形容矛盾となるが、①動物は法人たりうる→②法人の人権主体性はわが憲法学上すでに認められている→③したがって動物も人権の享有主体たりうる、という思考の筋道をたどることにより、法律学上の論理に無理がなく、洗練された議論が可能になるかもしれない。

今後、どこまで法技術的に精緻な立法論を組み立てることができるかが、わが国における課題であり、同時にその成否が、動物の権利を法律上承認しうるかどうかの帰趨をにぎっている。

かりに、動物の権利が認められる日が将来到来したとする。動物は口を利かないし文字も書かないから、だれが動物の権利を代行使するのかという問題がつぎに出てくる。この問題は、次章で取り上げる「動物法の担い手」の未来に関係してくる。

第11章——動物法の担い手

動物保護団体になにができるか

1 動物法の多様な担い手

動物法の現状を反省し未来を展望するにあたり、動物法の「担い手」の問題も重要である。いうまでもなくこの問題は、動物法にかぎらず、わが国における法の担い手について考えることとも、直接つながっている。

法は裁判を通じて強制的に実現されうる規範であるから、法の直接の担い手として、まっさきにイメージできるのは裁判官である。

裁判官は、裁判を通じて、法を解釈し適用する。法律に規定されたルール（文言）には解釈の幅がありうる。比喩的にいえば、法の文言は「器」である。裁判を通じて、その器に実質的な中身を最終的に盛り込むのは、裁判官である。
そこでは、弁護士と検察官（刑事事件の場合）の役割もじつは大きい。弁護士は、民事事件において、依頼者（原告や被告）の訴訟代理人として裁判に関与することがあるほか、刑事事件では起訴された被告人の弁護人となる。検察官は、刑事事件において、被告人を起訴し、法廷で被告人の犯罪を立証しようとする。民事事件も刑事事件も、裁判の最終的な結論は、裁判所（裁判官）の名前で下されるものであるが、その背後には弁護士や検察官の訴訟活動が隠れている。

弁護士や検察官は、原告側訴訟代理人、被告側訴訟代理人、公判に立ち会う検察官、刑事被告人の弁護人といった立場から、それぞれ主張を組み立て、法廷で裁判官を説得しようとする。

法の適用の基礎となる「事実」をめぐる争いもあるが、法の解釈（たとえば動物虐待罪における「虐待」の範囲はどこまでか）や運用（たとえば被告人が有罪の場合の量刑をどうするか）をめぐる争いも含まれるから、裁判所（裁判官）が、裁判という手続を経て最終的に採用する法の解釈や運用は、弁護士や検察官の議論を多かれ少なかれふまえたものになる。裁判所がすぐれた判決を出す場合、その裁判には、すぐれた弁護士や検察官が関与していることも多い。

民事訴訟については、弁護士を訴訟代理人に依頼せず、当事者本人（原告や被告）が、それぞれ自分で訴訟を行うこともできる（「本人訴訟」という）ので、その場合は、当事者となった人が、法の解釈・適用について裁判所で直接意見を述べることができる。この場合は市民が直接、法の解釈運用

（裁判所）と関わることになる。

理論的な知見を提供する法学者も、間接的ではあれ、法の解釈運用に貢献している。理論的知見は、検察官や弁護士により法廷で援用されることもあれば、裁判官の判断に説得力ある基盤を提供することもありうるからである。

その他、マスコミの報道・論評や、さまざまな利害関係をもつ個人や団体の意見表明などが、裁判を動かしてゆくプロである法曹三者（裁判官・検察官・弁護士）の思考や行動に間接的に影響をおよぼすことも、ありうる。

以上のような大きな問題に連なるひとつの事例として、ここでは、動物法の担い手として動物保護団体がどのような役割を果たすことができるか、という問題を考えてみる。

日本法における動物保護団体の役割を考えるためには、あらかじめ比較対象を設定しておくと、その特質や問題点がよくわかる。そこで、やや遠回りではあるが、イギリスの事例をまずみておくことにしよう。

2　イギリスの動物保護団体

西欧諸国では、動物法とくに動物保護法の実現と執行の過程に、動物保護団体が大きな機能を果たしていることがよくある。その一方、日本の動物保護団体は、さほど社会的な存在感が大きいとはいえない。

したがって、西欧諸国において動物保護団体の果たす法的機能の大きさは、多くの日本人にとって自明なことではなく、その活動規模や社会的機能の大きさを知ると、かなり驚くべきことに感じられるはずである。

いったい、どのくらい大きなちがいがあり、そのようなちがいはどこに由来するのだろうか。

西欧諸国の動物保護団体を話題にするとき、イギリスの王立動物虐待防止協会（RSPCA：The Royal Society for the Prevention of Cruelty to Animals. 以下たんに「協会」と略称することもある）が、その規模や影響力の大きさという点で特筆に価するので、同協会を例にとって話を進めよう。この団体の活躍の背景には、イギリスの興味深い法文化の歴史と伝統が息づいている。

まずは、王立動物虐待防止協会の成り立ちと機能を、同協会の公式ウェブサイトならびに、スコットランドのアバディーン大学のラドフォードの著作（Radford, 2001）に依拠して概観してみよう。

イギリス最初の動物虐待防止法（マーチン法）は一八二二年に成立した。その二年後の一八二四年には、早くも王立動物虐待防止協会の前身の動物虐待防止協会（SPCA：The Society for the Prevention of Cruelty to Animals）がロンドンで結成された。当初の創立メンバーは二二名で、マーチン法の制定を推進したリチャード・マーチンもそのなかの一人であった。このような出自をもつ同協会は、「世界最初の動物保護団体」であると自負している。

当時のイギリスでは、動物保護という考えは、かならずしも広い支持を得られるものではなかったという。

しかし、協会は、熱心な活動を開始した。たとえば、協会結成年である一八二四年には、協会の最初の二名の調査員（インスペクター）が、六三人の人びとを、動物虐待のかどで訴追し、結成八年目の一八三二年には、一八一件の有罪判決を勝ち取っている。このような活動の積み上げは、当時の社会や人びとの考え方の変化にかなりのインパクトを与えたにちがいない。

一八四〇年には、ヴィクトリア女王（即位前から動物虐待防止協会の活動に共鳴していた）が、協会に「王立」（Royal）という形容詞を冠することを許可した。

その間、協会がロンドンに置く調査員も増え、彼らが市場やと畜場をチェックし、動物虐待防止法の執行にあたった。その後、同様の活動が、バース、ブライトン、ブリストル、コヴェントリー、スカーバラなどにも広がり、全国的ネットワークができた。それにつれて協会の活動を支える資金の寄付も増え、二〇一六年現在、イングランドとウェールズを管轄する全国組織と一六四の支部を数えるほどになっている。

ここでひとつ注意しておくべきことは、ヴィクトリア女王が一八四〇年以来、「王立」を名乗ることを許し、それ以来、協会は王室の庇護を受けてはいるが、協会は政府からの補助金をいっさい受け取っていないということである。

「王立」という形容詞がついていることから、「官立」の協会というイメージを抱くかもしれないが、あくまでも、王立動物虐待防止協会は、遺産などの自発的な寄付によって運営されている団体であり、税金はその運営にまったく使われていない。

法律的には、「一九三二年王立動物虐待防止協会法」(The Royal Society for the Prevention of Cruelty to Animals Act 1932) により、同法制定当時すでに一世紀以上にわたって活動してきた協会に法人格が付与され (incorporated)、同法によって、協会の基本的な目的・構造・財産法上の権能が、あらためて法定されることになった。

同法にいう王立動物虐待防止協会の目的は、「動物に対する親切を推進し、動物虐待を予防・制圧し、これらの目的の達成を推進しまたはそれに随伴すると協会が考えるあらゆる合法的活動を行うこと」である。

協会には運営のための評議会 (council) を置くことが同法に法定され、同法を受けて定められた協会の規則 (rules) により、会員資格、評議会の義務・構成・選挙、支部、財務会計、総会をはじめとする、協会運営の詳細が定められている。また、その後、一九三二年法を補充する「一九四〇年王立動物虐待防止協会法」「一九五八年王立動物虐待防止協会法」が定められ、現在はこれら三つの法によって協会の法的構造が決められている。

もっとも、これらの法律は、もっぱら王立動物虐待防止協会の目的や組織、そしてその運営、さらには財産法上の権能について規定するものであり、動物虐待の調査や処罰のために協会に強制捜査権のような刑事手続上の特別の権限を付与するものではない。

調査員をはじめとする王立動物虐待防止協会メンバーは、警察官でもないし、検察官でもない。日本的な分類に従っていえば、協会スタッフは、そもそも「官」ではなく、あくまでも「民」あるいは「私人」である。この点についてはのちほどあらためて述べる。

王立虐待防止協会の二〇一四年度の大規模な活動ぶりを、具体的な数字でみてみよう。

二四時間稼働している虐待通報電話への本数は一二九万一九六三件、虐待だといわれて調査した苦情は一五万九八三一件、動物の世話を改善させるため行われた福祉通知は八万二七四六件、動物福祉犯罪に対して治安判事裁判所で獲得した有罪判決数は二四一九件、動物福祉犯罪で治安判事裁判所に訴追した被告人は一一三二人、不妊去勢手術が八万一七八一件、マイクロチップを埋め込んだ動物は五万八六五四頭、救助された猫は四万八一五頭、救助された犬は一万五九一二頭、レスキューされたウサギは五五一四頭におよぶ。

協会の調査（inspection）と訴追活動について、もう少しくわしく説明しよう。

動物虐待の通報を受けて、協会の調査員が当該動物の飼主や管理者のもとに出向いた場合、その虐待の程度に応じて、調査員は程度の重い場合は「警告書」（warning notice）を、そうでもない場合は「評価書」（assessment form）を手渡す。このほか、非公式の注意を与えることもある。

警告書は、すぐに動物の必要に応じた措置をとらなければならないこと、さもなければ、裁判にかけられることがありうることを述べるものであり、受け取った飼主等に、協会の指定する期間内において即座に改善措置をとらなければならない、とするものである。

評価書は、調査員が動物の福祉上問題があると考える点を述べ、どうしたらよいかを、期限を定めてアドバイスをするものである。

警告書を交付した場合は、協会の調査員が再度訪問し、アドバイスに従って改善措置をとったかどうかを確認する。改善措置がとられていない場合は、つぎのステップは刑事訴追である。

協会は、イギリス法上のいわゆる「私人訴追」(private prosecution)を行う。この制度は、日本には存在しないので、一般的に説明しておこう(小山雅亀、一九九五年に多くを負う)。

日本においては、刑事訴追を行う権限をもつのは検察官である。このことは刑事訴訟法に明記されている。国家機関としての検察官が起訴権限を独占しており、すべての犯罪は検察官を経由して起訴される。このような考え方を国家訴追主義という。

国家訴追主義にもとづく日本の法制度のもとでは、動物虐待を発見した民間動物保護団体が、虐待者を直接刑事訴追することは不可能である。

しかし、イギリスでは、そもそも、そのような考え方がとられていない。

検察官の存在や国家訴追主義になれきっている日本人には意外に響くだろうが、イギリスでは刑事訴追を担当する公の訴追官(すなわち検察官)は、かなり最近まで存在すらしなかった。イギリスに検察庁が創設されたのは、じつに一九八五年になってからのことである。

従来、イギリスでは、警察官とそれ以外の複数の主体による訴追が行われていた。一九八五年に検察官が創設されたあとも、検察官は警察の訴追を「途中から引き継ぐ」ために創設されたにすぎず、しかも、警察以外の主体による訴追には関与しないので、検察官制度の創設後も警察以外の訴追者については、従来どおりの訴追ルートが依然として残っていることになる。

具体的にいうと現在のイギリスにおける訴追機関としては、①警察（これを途中から検察官が引き継ぐ）、②法務総裁・副総裁、③検察長官、④地方公共団体等の公的機関、⑤重大詐欺局、⑥（純粋の）私人、が並存している。

このような制度のもとで、王立動物虐待防止協会は、⑥の「私人」による訴追権限を行使しているわけである。

イギリスでは、伝統的に「刑事訴追は私人が行う」ものだという基本思想がある。これを国家訴追主義に対して私人訴追主義という。

現在、警察による訴追（検察官に引き継がれる）が、全訴追の七〇パーセント以上を占めるといわれているが、首都ロンドンにはじめて警察組織がつくられたのは一八二九年のことであり、当初は警察に対する市民の信頼感は薄かったという。

その一方、王立動物虐待防止協会は、一八二九年のロンドン警察（ましてや一九八五年の検察庁）の創設に先立つ一八二四年から、動物虐待の刑事訴追を行っている。

つまり、協会は、国家機関としての訴追官庁（警察・検察）が登場する以前から私人訴追主義の伝統のもとに承認されていた法的権限を、現在もなお行使し続けているにすぎない。その意味で、協会のもつ法的権限こそが、歴史的正統性をもつのであって、協会は警察や検察といった国家訴追機関か

表 11.1　警察により起訴された動物虐待犯罪（イングランドおよびウェールズ）

1991 年		1992 年		1994 年	
起訴件数	有罪件数	起訴件数	有罪件数	起訴件数	有罪件数
437	326	475	367	284	204

出典：Radford, 2001 より作成.

ら「特別の権限を与えられて」活動しているのではない。

ところで、動物虐待罪など、動物福祉に関連する諸犯罪については、警察も訴追権限をもつので、王立動物虐待防止協会と活動が競合する。表11・1は、一九九一年、九二年、九四年についての、警察による動物福祉関連犯罪の訴追件数を示すものである。

ご覧のとおり、警察による訴追の数は、四三七件（九一年）、四七五件（九二年）、二八四件（九四年）である。

正確に年度が対応する数字ではないが、九〇年代後半に王立動物虐待防止協会によって訴追された件数は、八一二件（九五年）、七九〇件（九六年）、八七二件（九七年）、八五三件（九八年）、七〇一件（九九年）となっているので、協会による訴追が、例年訴追件数の半数以上を占めているものと推測できる（表11・2）。

協会の内部組織上、調査部門（Inspectorate）と訴追部門（Prosecutions Department）は分かれており、訴追を担当するのは後者である。その訴追原則（Principles of RSPCA Prosecutions）は明文で定められており、およそつぎのようなものである。

表 11.2　王立動物虐待防止協会（RSPCA）による起訴統計

	1995年	1996年	1997年	1998年	1999年
調査苦情件数	110175	101751	117332	124374	132021
起訴件数*	812	790	872	853	701
有罪判決件数*	2201	2282	2650	3114	2719

*1起訴につき複数の有罪判決が含まれることがある．
出典：Radford, 2001より作成．

①協会訴追部門は，調査部門から提出された事件記録を審査し，当該事件にかかわる証拠上の，または，法的な問題を解決するために調査部門と協同し，必要な場合は，独立したソリシタ（事務弁護士 solicitor）やバリスタ（法廷弁護士 barrister）に助言を求め法廷弁論を依頼する。
②協会が行うあらゆる訴追は，いかなる内部的・外部的圧力にも屈せずに，「検察官準則」（The Code for Crown Prosecutors）に照らして行う。「検察官準則」は，検察庁（The Crown Prosecution Service）が公平で首尾一貫した訴追についての決定を行うために定められた準則であり，「各被告人の各訴因について現実的な有罪の見込みをもちうる十分な証拠があるかどうか，また，そのような証拠がある場合に，訴追が『公益』の観点から必要であるかどうか」についての評価を行うべきことを定めている。「公益」があるかどうかの判断は，広い判断であり，訴追をすることが動物虐待を予防・制圧するかどうか，犯罪の重大性，公衆の関心，有罪判決の場合の予測される刑罰の重さ，といった諸要素が考慮される。
③事件記録が，この準則に合わないときは，訴追は行われない。
④すべての訴追は，独立したソリシタによって行われ，同ソリシタは，証拠を検察官準則に照らして審査し，証拠が訴追基準に合致している場合にかぎ

って手続を進める。

王立動物虐待防止協会の行う訴追は、私人訴追であるが、実質的には検察官による訴追と同一の基準になっており、「十分な証拠」と「公益性」という二つの条件がそろっている場合に限って行われる。しかも、協会内部では、調査部門と訴追部門が別組織になっているうえに、独立したソリシタによりさらなる審査が行われる。

公平性・客観性・首尾一貫性を確保するためのしくみが、何重にも慎重に確保されていることになる。

このような厳しい審査の結果、訴追決定された場合は、当然のことながら有罪率がかなり高くなる。二〇〇五年の場合、一六〇四件の報告が調査部門から寄せられ、訴追部門により（独立した弁護士を通じて）一〇一三人の被告人が訴追され、九八〇人に有罪判決が出されているので、この数字だけみると有罪率は九六・七パーセントとかなり高い。

王立動物虐待防止協会の制服組の調査員は、一九九九年段階で三二八人、そのほかにも、ヨーロッパにおける生きた動物の輸送やと畜方法、闘鶏・闘犬、アナグマいじめ（犬にアナグマを穴から追い立てさせて咬み殺させる）、子犬の生産（puppy farming）、エキゾティック・アニマルの取引、密猟、といった特定の領域につき、秘密裏に動物虐待の調査を行う特別調査作戦部門（Special Investigations and Operations Department）がある。

協会の調査員になるのは、狭き門を通らなければならない。たとえば、二〇〇六年度には一二〇〇人の応募者のうち、三〇人が六カ月間の集中訓練（ロープ救助、水難救助、紛争処理、動物福祉法など）を受け、そのうち二三名だけが卒業してイングランド＝ウェールズの王立動物虐待防止協会調査員として働き始めた。

一般国民の意識からしても、イギリスでは動物虐待の摘発・訴追を行う法執行者として、まっさきに念頭に浮かぶのも、国家機関ではなく、王立動物虐待防止協会という非政府組織だという。このような組織的・人的な後ろ盾があってこその話である。

このように、法の執行の重要な一部が、自発的寄付にもとづく（税金を基盤とする官庁ではない）慈善団体（チャリティ）によって担われているわけだが、協会は驚くほど潤沢な資金に支えられている。

訴追活動だけに限っても、一九九六年から九九年にかけての費用は、年度ごとに一四六万一〇四六ポンド（九六年）、一六六万八三九七ポンド（九七年）、二〇一万七三四三ポンド（九八年）、一八一万二四六五ポンド（九九年）である。九九年の訴追費用を二〇一六年三月現在のレート（一ポンド約一六〇円）で日本円に換算すると、じつに三億二〇〇〇万円を超える。このうち、一部（虐待された動物の飼育費用など）は裁判所が加害者に支払いを命じて償還されるが、九七年度に協会に支払われた金額は三七万三五二五ポンド、九八年度は四三万八六九五ポンドなので、協会はごく一部しか費用を回収できていないことがわかる（Radford, 2001 による）。

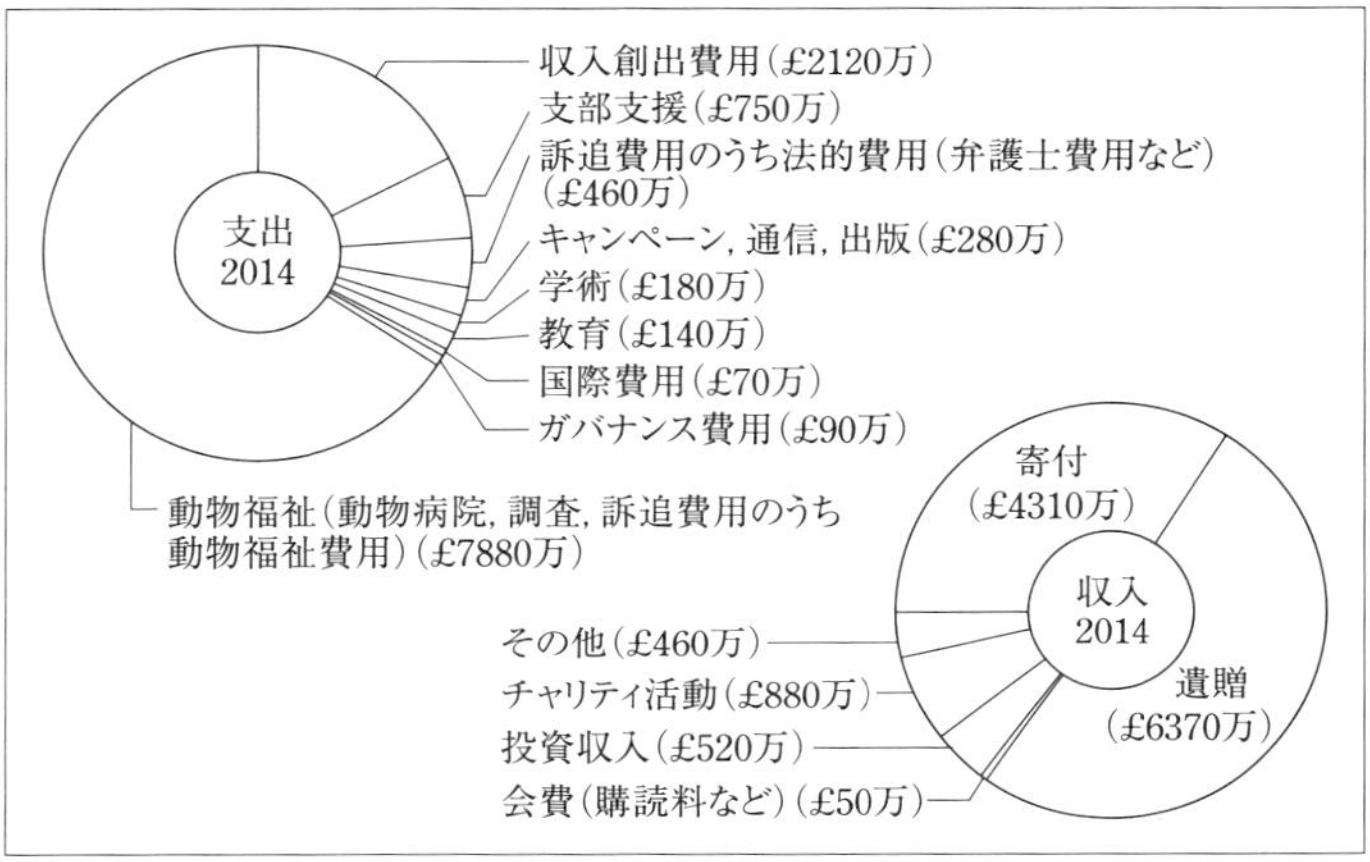

図 11. 1　王立動物虐待防止協会（RSPCA）の 2014 年度収支

その後の一五年間に訴追活動にかかる費用はさらに膨れ上がり、協会が発表している二〇一四年度の報告書（Trustees' Report and Accounts 2014）によると、訴追費用のうち法的費用（弁護士費用など）分は約四六〇万ポンド（日本円にして約七億三六〇〇万円）となっている。

同報告書の二〇一四年度会計報告に掲載されている収支の円グラフを図11・1に示そう。

ご覧のとおり、収入の部をみると、遺贈が六三七〇万ポンド（約一〇二億円）、寄付が四三一〇万ポンド、チャリティ活動（里親探し活動、獣医師活動など）が八八〇万ポンド、投資収入が五二〇万ポンド、会員購読料が五〇万ポンド、その他が四六〇万ポンドであり、これらの総額は、一億二五八〇万ポンド（日本円で二〇〇億円あまり）に達する。

また支出は、病院や動物センター、調査、訴追費用のうち動物福祉分などを合わせた動物福祉活動費用に七八八〇万ポンド（日本円で約一二六億円）、収入創出費用が二一二〇万ポンド、支部支援費用が七五〇万ポンド、訴追費用（法的費用）が既述のとおり四六〇万ポンド、キャンペーン、通信、出版などの費用が二八〇万ポンド、学術費用が一八〇万ポンド、教育費用が一四〇万ポンド、国際費用が七〇万ポンド、ガバナンス費用が九〇万ポンドに達する。

3　日本の動物保護団体

以上、イギリスの王立動物虐待防止協会の活動のうち、とくに、動物虐待の調査訴追という法執行の側面に焦点を合わせ、その機能を概観した。

ここで目を転じて、わが国の動物保護団体の活動をみてみよう。

一口に動物保護団体といっても、大小さまざまなものがあるが、わが国を代表し、現在、諸動物保護団体のなかでも指導的な立場にある公益財団法人日本動物愛護協会（以下、愛護協会と略す）と公益社団法人日本動物福祉協会（以下、福祉協会と略す）の二団体に即して考えてみよう。両公益法人は、定款、役員名簿、事業報告、貸借対照表（愛護協会）、収支予算書（福祉協会）などをインターネット上で公開している。

一九四八年（昭和二三年）に設立された愛護協会の定款に定められた目的は、「この法人は、『動物の愛護及び管理に関する法律』（昭和四八年法律第一〇五号）の趣旨に基づき、動物愛護の精神を広く社会に普及し、人と動物の調和ある共生社会の実現に貢献すると共に、生命尊重、友愛および平和の情操の涵養に資すること」である

また、その目的の達成のために行う公益目的事業として、①動物の愛護および管理に関する法令の趣旨にもとづく普及啓発、②動物の適正な飼養および保管に関する知識の普及、相談および支援、③災害時における動物救援ならびにその普及啓発、④動物の愛護および管理に関する顕彰と功労動物の表彰、⑤動物の愛護および管理に関する講座、講演会、研究会等の開催、⑥動物の愛護および管理に関する広報誌等の刊行ならびにホームページ等による情報発信、⑦動物の愛護および管理に関する内外の情報収集と調査研究および成果の公表、⑧動物の愛護および管理に関する地域ならびに国内諸団体との連携および国際協力、⑨その他この法人の目的を達成するために必要な事業、があげられている。

一方、一九五五年（昭和三〇年）に愛護協会から独立した福祉協会の定款に定められた目的は、「動物の愛護及び管理に関する法律（昭和四八年法律第一〇五号）の精神に基づいて、動物愛護思想の普及徹底に関する事業を行い、もって国民の社会的情操的教育（ママ）の水準の昂揚に寄与すること」である。

その目的を達成するための事業としては、①動物の健康と福祉を増進するため、動物を飼養または使用し、あるいは取り扱うすべての人々に、動物福祉に関する知識を普及啓発し、必要に応じて適当

な施設および物品の調達をする事業、②国および地方自治体の事業への協力、③動物福祉に関する調査研究および情報の収集、提供、④実験動物の取り扱いに関する、世界の趨勢を勘案した啓発活動、⑤動物の虐待を根絶するための、あらゆる活動、⑥不妊去勢手術の推奨および手術費の助成、⑦相談、講習会、講演会、展示およびセミナー等の開催、⑧広報誌等図書印刷物の刊行、⑨オリジナル物品等の製作・販売および寄付促進活動、⑩その他この法人の目的を達成するために必要な事業、があげられている。

このように、愛護協会と福祉協会は、ともに、「動物の愛護及び管理に関する法律」の精神を社会に普及させることを目的として、諸活動を展開している。その意味で、両協会は、法律と密接に結びついた団体であるといってよい。

しかし、それなのに、イギリスの王立動物虐待防止協会とちがって、両協会は大規模な調査活動や訴追活動は展開していない。

前述のとおり動物保護法の直接の執行活動、すなわち動物虐待関連犯罪の訴追活動については、わが国の刑事訴訟法上、その権限が検察官に独占されている。つまり、そもそも動物保護団体には訴追権能が与えられていないため、イギリスの保護団体と同じ活動は法的に不可能なのである。わが国の動物保護団体は、動物虐待事例を発見しても自らは訴追権限をもたないので、警察に「告発」（捜査機関に犯罪事実を申告して捜査や訴追を求める意思表示で、だれでもできる）をすることができるだけである。

イギリスと日本を比べたときに、ここに越えることのできない制度の断絶がある。

では、愛護協会と福祉協会の、それぞれの財政規模はどの程度のものだろうか。愛護協会の二〇一五年（平成二七年）度末の正味財産合計は、五億二三〇〇万円あまりである。また、福祉協会の二〇一六年（平成二八年）度の収支予算書によると、会費収入三三〇〇万円、寄付金収入四二〇〇万円を含む収入合計は八七七三万円である。

ここでふたたび、イギリスの王立動物虐待防止協会の年間収支の金額を思い起こしてみよう。その年間収入規模は、日本円換算でじつに二〇〇億円にも達していた。その財政規模は、日本の代表的な動物保護団体とは比べものにならない。こうしてみると、日英の動物保護団体の間には、財政的規模の点でも巨大な溝が存在していることがわかる。

これまで議論してきたとおり、①動物虐待者を刑事訴追する権限がイギリスの保護団体にはあるが日本の保護団体にはないという法制度の面と、②イギリスの保護団体の財政規模に比べ日本の保護団体の財政規模は圧倒的に小さいという資金力の面、この二点が日英両国の動物保護団体の役割を比べるときに、とくに重要な視点となる。

これらの厳然たるちがいは、日本の動物保護団体に期待を寄せる者を、落胆させるに十分であろう。そしてその落胆は、一般市民のものというより、まずなによりも、保護団体の関係者自身のものであるにちがいない。

イギリスの王立動物虐待防止協会の活動を模範と仰ぎ、それを目標に活動している者にとって、このことは、動物保護団体の制度的・人的・財政的な実力と、それを下支えする社会的信頼感が、日英で圧倒的にちがうことを意味するからである。

わが国の動物保護団体の法的権限や人的・財政的基盤の欠如が「原因」で、活動実績が十分にあがらず、それゆえ社会的信頼を勝ちえることができないという「結果」が生まれるのか。それとも日本の動物保護団体の信頼感が欠如していることが「原因」で、それゆえイギリスとちがって法執行担当者としての権限を分け与えてもらえず、寄付金も十分に集まらないという「結果」が生まれるのか。

どちらの因果系列も否定はできないと思うが、このような問い方自体、やや皮相的である。むしろ、この問題を考えるうえでは、日本の動物保護団体の努力不足やそれ自体の欠点に帰すことができない日英の「社会のあり方」や「法のあり方」や「世界観のちがい」までを視野に入れる必要がある。

たとえば、動物保護以外の公共性のある価値を増進し推進しようとする市民団体（「官」ではない）は、日本にもたくさんある。交通遺児のための育英会、禁煙や分煙を推進する団体、青少年の健全育成をめざす団体、自然保護団体、女性の権利を推進する団体、障害者の権利を守る団体、外国人を支援する団体、DV被害者を支援する団体、犯罪者や非行少年の更生を援助する団体など、枚挙にいとまがない。

だが、はたして、これらの諸市民団体のうちに、イギリスの王立動物虐待防止協会と同じような巨大な実力と信頼感を勝ちえているものが、わが国にはあるだろうか。

民間団体が法執行者としての権限を与えられている例としては、たとえば、「消費者契約法」という法律に消費者団体訴訟制度が導入されている。この制度は、消費者全体の利益を擁護するため、一定の消費者団体に、事業者の不当な行為に対する差止請求権を認めるもので、二〇〇七年六月からスタートしている。一定の消費者団体については、民事法上の差止請求をなしうる法的な主体としての権限が、法律上はっきり与えられたわけであるが、これはごく最近の動きであるし、きわめて例外的なことである。

こういった例からわかるのは、わが国の動物保護団体に法的権限が与えられず、潤沢な資金も集まらないという問題は、ひとり動物保護団体だけの責任ではないというべきことである。その問題は、日本社会で公共的な価値を擁護する活動を行っている市民団体一般に、多かれ少なかれあてはまる問題でもある。

刑事訴訟上の訴追権限の有無の問題には、明治維新後、急激な西欧化をめざし、西欧法を一気に導入した当時の日本政府が、イギリスよりむしろフランスやドイツから多くを学びつつ司法制度を上から設計したという歴史的経緯も関係している。イギリス法とフランス・ドイツの法は、同じヨーロッパでも法文化や法伝統はかなりちがう。わが国が近代化の過程で「西欧」法を学んだといっても、日本法がイギリス法化したわけではないし、市民社会が未熟な明治時代の日本では、官ではなく民が刑事訴追権限をもつという発想が受け入れられる余地もなかっただろう。

動物保護団体への資金の集まり方のちがいについては、チャリティ（慈善）の日常性・重要性・道徳性についての日欧の意識のちがいも関係しているだろう。キリスト教的なヨーロッパ世界は個人が神の前で善行を積むことを重視するという。個人が神と孤独に対峙するという世界観を共有しない日本はだいぶ事情を異にする。

歴史学者の大月康弘氏の言葉を借りると、キリスト教世界の特質には、「個人や企業が自由な発想、活動の見返りとして得た利得は、大きく社会に還元されなければならない道徳的仕組み」があり、それは、場合によっては、「現代社会を語る上で逸することのできない現象」にまでなっているのである（大月康弘、二〇〇五年）。

法制度や集金力のちがいが出る背景に、異なる法伝統の歴史的選択や、市民社会の成熟度のちがいや、チャリティ意識のちがいがあるならば、今後、日本社会で動物福祉という価値の認知が広がり、自律的市民の社会的関与の気運が高まり、あるいは、経済的に余力のある場合はその一部を進んで公共的価値のために使おうという意識が醸成された場合は、わが国においても動物保護団体の存在感がようやく増してくる可能性はある。

実際、近年の日本における動物保護法の急激な発達をみると、日本社会はほかの公共的価値に優るとも劣らぬ速さで、動物愛護という価値を重んじ始めているということもできる。そこに小さな希望がある。

4 動物保護団体の課題

では、わが国の動物保護団体は、どのようにしてその希望の種を育ててゆくべきだろうか。

さしあたり、イギリスのような刑事訴追権を獲得しようというのは無理な話である。これまで繰り返し説明してきたように、刑事訴追権について、私人訴追主義を歴史的大原則としてきたイギリスと、国家訴追主義をとって訴追権限を検察「官」が独占してきた日本とでは基本的な考え方のちがいがある。それは、動物保護という問題の枠内にはおよそおさまりきらない、刑事訴訟のあり方の根源に関わる問題だからである。

資金調達力のちがいの背景には、チャリティをめぐる世界観のちがいが大きいと推測されるので、これまた日本の動物保護団体の財政の急激な改善はそう簡単に望めないだろう。せいぜい地道な活動資金集めを続けるしかない。

ここはむしろ、英国の王立動物虐待防止協会のもつ権限や財力をうらやみ、わが国の状況をなげくだけでなく、王立動物虐待防止協会の「信頼感」の源泉を分析してみることが大切であろう。

これまでみてきたように、同協会の信頼感の大きな源泉は、なによりもその構成員個人への信頼感、とりわけヴィクトリア女王以来その庇護者となっている王室の威信にあるようだ。ここから学ぶべきことは、つねに社会的な尊敬や信頼を受ける人や識見の高い人が役員・会員となり、運動を推進することの重要性である。

また、王立動物虐待防止協会の訴追は、イギリスの検察庁が依拠する訴追準則に依拠していることも確認した。協会は訴追が恣意的にならないように、調査部門と訴追部門を分け、訴追部門がその事件の訴追が検察庁の訴追準則に合致しているかどうかを審査し、さらに訴追を担当する独立の弁護士がもう一度審査をするという慎重なシステムをつくりあげていた。その結果、証拠や公益の観点から慎重にスクリーニングされた事件だけが公正に訴追されることになる。協会の起訴した事例の高い有罪率も、このような公正なシステムに支えられていると推測できる。

もっとも、二〇一二年に王立動物虐待防止協会が行った狩猟犯罪の訴追（Heythrop Hunt 事件）をきっかけに、その訴追活動の適正さ（公益性）について疑問が提起された。その結果、同協会は、みずからの訴追活動のあり方についての第三者評価を行うことになり、元イギリス検察庁主任捜査官であるスティーブン・ウーラー（Stephen Wooler）に第三者評価を委嘱した。ウーラーの報告書は二〇一四年九月に発表され、協会の訴追活動のあり方について、ガバナンス改革を含む多くの提言を行っている（青木人志、二〇一六年ａ）。

ここから学ぶべきことは、イギリスの保護団体は私人訴追権を行使しているとはいえ、「官」との歩調を合わせる努力を行うと同時に、恣意的・感情的・政治的な訴追により、その公益性が損なわれないよう、社会から監視されてもいるということである。

わが国の動物保護団体が、いたずらに感情的・恣意的にならず、公共性が高く公正な活動を長期にわたって展開するならば、社会の支持も自然に集まることだろう。イギリスの王立動物虐待防止協会は、一八二四年に設立だから、すでに一九〇年近い歴史を経ている。一方、わが国の動物保護団体の老舗である日本動物愛護協会も日本動物福祉協会も、たかだか五〇年から六〇年の歴史をもつにすぎない。あと一〇〇年経ってもなお、王立動物虐待防止協会が誇る現在の歴史の長さに、わが国の保護団体の歴史の長さは追いついていない計算である。日本の動物保護団体は、この差を冷静にみつめ、倦まず休まず励み続けるしかないだろう。

さいわい、動物愛護管理法には、動物愛護推進員と動物愛護推進協議会という二つの制度がある。動物愛護推進員は、「地域における犬、ねこ等の動物の愛護の推進に熱意と識見を有する者」のうちから都道府県知事等が委嘱することができる。同法が定めるその活動は、①犬、猫等の動物の愛護と適正な飼養の重要性について住民の理解を深めること、②住民に対し、その求めに応じて、犬、猫等の動物がみだりに繁殖することを防止するための生殖を不能にする手術その他の措置に関する必要な助言をすること、③犬、猫等の動物の所有者等に対し、その求めに応じて、これらの動物に適正な飼養を受ける機会を与えるために、譲渡のあっせんその他の必要な支援をすること、④犬、猫等の動物の愛護と適正な飼養の推進のために国または都道府県等が行う施策に必要な協力をすること、である。

また、動物愛護推進協議会については、つぎのように定められている。

都道府県等、動物の愛護を目的とする公益法人、獣医師の団体その他の動物の愛護と適正な飼養について普及啓発を行っている団体等は、当該都道府県等における動物愛護推進員の委嘱の推進、動物愛護推進員の活動に対する支援等に関し、必要な協議を行うための協議会を組織することができる。

ここからわかるように、動物愛護推進員と動物愛護推進協議会の委嘱・設置は、義務的なものではないものの、動物保護団体とその構成員が、行政当局や獣医師会と協力しつつ、動物保護管理行政に参画し協力するチャンネルとなりうる。

たとえば東京都の場合、動物愛護推進員は、東京都動物愛護推進協議会の構成団体である公益法人からの推薦、区市町村からの推薦のほか、一般の公募による募集もある。東京都動物愛護推進協議会の構成団体は、東京都、特別区、市町村、公益財団法人日本動物愛護協会、公益社団法人日本動物福祉協会、公益社団法人日本愛玩動物協会、一般社団法人家庭動物愛護協会、公益社団法人東京都獣医師会である。

推進員は、動物愛護への熱意と識見を有し、ある程度の活動実績がある方々が委嘱されているため、活動方法については、行政から統一かつ一律に制約・限定するものではなく、法令趣旨に沿った活動であれば、自主的・自発的に個人の専門性や得意分野での識見を発揮することを基本とするとされ、①自主的な動物愛護と適正飼養の推進（積極的・自主的に地域住民へ情報提供や助言）、②行政との連携・協働（東京都や区市町村から依頼された事項への協力）、③地域の動物愛護の現状報告（アンケートへの回答、活動報告）を行うこととされている。

推進員の具体的な活動事例として、東京都のウェブサイトに載せられている事例は、動物愛護関連のイベント参加、普及啓発資材の作成・配布・掲示、動物の適正な取扱・飼育方法の相談・助言（個別相談対応、学校等における飼い方教室）、新たに動物を飼う人への動物の選び方の助言、人と動物の共通感染症に関する相談、飼主のいない猫の管理、不妊去勢手術、譲渡あっせん、放棄・遺棄された動物の保護・管理、災害時の動物救護、災害訓練、CAPP活動（Companion Animal Partnership Program. 人と動物とのふれあい活動）、糞拾い、清掃、ワンワンパトロールの運営・実施、ドッグランの運営・管理、審議会・懇話会・協議会への参加、自治体が開催する講習会・イベント等への協力・参加等である。

もっとも、推進員ができないこと、やってはいけないことにも、注意が促されており、①公務員に準ずるような職務資格は有しないので、立入り・監視指導や措置命令などの権限はないことと、②活動を行ううえで知りえた情報は第三者に漏らしてはならないこと（推進員としての任を解かれたあとも同様）が、強調されている。

なお、環境省の調査によると、二〇一五年三月の段階で四七都道府県のうち三九都道府県で協議会が設置されていた。動物保護団体は、協議会構成団体としてあるいは動物愛護推進員を推薦する母体として、貢献の場がかなり広がってきているし、今後も広がってゆくだろう。

日本社会では伝統的に「官」（行政＝お上）への信頼感が強い。市民団体一般の信頼感が不足していることは、この伝統の裏返し、もしくはコインの両面をなす現象である。そんななか、これらの新制度においては、行政と市民（動物保護団体）が、連携し協力しあうことが期待されている。

動物保護団体が、行政のたんなる批判者に終始しているかぎり協力はおぼつかないし、かといって、行政の決定に全面的に追随するだけでは、このような制度をつくった趣旨は少なからず没却されてしまう。

市民参加の行政という理念を十分に実現するのは、容易なことではない。地方自治体の動物愛護管理行政担当者とその地域の動物保護団体が、一定の緊張関係を喪失することなく、同時に、長期的な協力関係をつくりあげてゆくためには、両者が粘り強く意見を刷り合わせ、短期的には妥協もしつつ、動物愛護推進の現場で行政と協力する「成熟した信頼関係」を築かなければならない。

行政学者の打越綾子氏が「東京都動物愛護推進総合基本計画」（通称ハルスプラン）を分析した研究（打越綾子、二〇〇五年）によると、計画策定にあたり都の審議会が動物愛護団体の代表者の意見表明に誠実に対応し、地域内で動物愛護のボランティアをしている人の間でもこの計画に対する期待が強く、これをきっかけに区市町村レベルの取組も急速に積極化したという。この評価に従えば、東京都のハルスプランは、自治体の政策形成過程において、行政と動物保護団体の間の信頼を醸成することの重要性を示している。

日本の動物保護団体は、犯罪訴追権限はないので、動物虐待事例の刑事訴追を行うことにより、司法を通じて直接的に法の実現を図るという機能をもたない。しかし、法が定めるチャンネルを通じて動物行政に参画し協力することにより、司法以外の場で動物法の理念を実現するための活動を行うことはできる。犯罪の司法的解決には直接関わることはないが、虐待などの犯罪や動物をめぐる民事紛争を予防する環境づくりに協力することはできる。行政が動物愛護の理念の実現に向けて積極的に取り組むべきことはもちろんだが、それと同時に、保護団体の側も「行政の実情と限界を理解し、辛抱強く支えてゆく姿勢」（打越綾子、二〇〇七年）をもたねばならない。

繰り返しになるが、イギリスの王立動物虐待防止協会の司法での活動には「公益性」と「公正さ」への配慮が十分なされていた。それらへの志向をもたないバランスを欠いた主張や活動が、社会に広く受け入れられることはない。動物保護団体の小さな希望も、あくまでも公益性と公正さという二本の糸を縦糸と横糸にして、地道に織りなしてゆくしかない。

なお、行政の考える公益性・公正さと、動物保護団体の考える公共性・公正さにズレが生じる場面では、どちらの主張がすぐれているかは、自由な言論のフォーラムにおいて判断されるべきことがらである。日本の動物保護団体は、動物愛護行政の小さな現場でその進展に協力する実績を積み上げてゆく忍耐力と、動物愛護行政のあり方について公益性と公正さに裏づけられた説得力ある議論を組み立てる構想力をもつことを求められるであろう。

行政のみならず、動物保護団体もまた、鼎の軽重を問われているのである。

第12章——日本社会と動物法

これまで、本書では、西欧法との対比を主として意識しつつ、ダイナミックに動き始めた日本の動物法の現状と課題のいくつかをみてきた。

最後に、日本社会で「動物法」を語る意義を大きな観点から考えてみよう。

動物法は、「動物」法である。そして同時に、動物「法」である。

したがって、動物法について語ることは、まず「動物」について語ることである。ただし、その語り方は限定される。あくまでも人間社会の規範である法という窓から、人間と動物の関係を眺め、そのあるべき姿を考えることになる。

人間社会は長い歴史のなかで、動物をさまざまなかたちで利用してきた。その一方、自然科学の発展により、人間と動物の生命としての同源性や連続性が解明されてきた。同時に、とめどなく肥大する人の欲望がもたらした環境破壊により、人も動物も、いまや全地球的危機のなかにいる。そんなさなかにあって人は動物とどのような関係をとり結んでゆけばよいのだろうか。

日本を含む近代社会が前提とする法の価値観に従うと、人はただ人であるがゆえに人権をもつ。自然科学的な意味での生命の同源性、たとえばＤＮＡレベルでの人とチンパンジーとの近似性の認識が進んでも、法の世界において人と動物をまったく同一に扱うべきだという主張には、いまのところ直接はつながらない。

それどころか人と動物は、法規範の世界では、基本的にはまったくの別物だと観念されている。これまで近代法の主たる関心事のひとつは、人権という概念を案出し発展させることを通じて、すべての人を平等に扱い、すべての人を尊重してゆくことであった。人権の普遍性の名のもとに、人の世界でそれをあまねく広げてゆくことに、関心は集中していた。

しかし、人と動物の関係にまで目を広げると、人権はまさに「人」権であるがゆえに、人と動物の間に深い断絶を生む概念でもあることがわかる。その側面のもつ問題性は、従来はほとんど法学者の視野に入っていなかった。

さらに、人権には財産権が含まれ、かつ、動物は伝統的な民法の考え方では物に分類されるから、動物に対する所有権はきわめて強い権利として認められ、動物の自由な（ときに放埒な）利用をますます促進してきた。

このような法状況が前提としている「人と物の峻別」という考え方そのものが、将来、大きな地殻変動を起こし変容する可能性は否定できないが、さしあたり現時点ではその考え方を前提とせざるをえない。

では、その前提の枠内で、財産権とりわけ絶対的な権利である所有権が存立する客体としての動物(個体としての動物)をどう扱うことが、現在われわれに法のレベルで要請されているのか。

動物法を語ることは、このように、自分自身の生きる自然環境と、自分自身の生きる社会に思いをめぐらせ、人は動物に対するいかなる態度を法ルールとして確立すべきなのかを、現代日本という特定の時空のなかでそこに特有の法状況をふまえつつ反省する作業である。

その一方、動物法について語ることは、「法」について語ることでもある。

この観点からは、動物はたまたま法を語るための素材になっているにすぎず、問題の核心は法そのもののあり方だということになる。たとえば動物保護団体が動物虐待の予防や処罰に果たすべき役割について考えることは、「だれが、どのようにして、どのくらい法を使うべきなのか」という一般的な問題を考えるための一具体例である。

近年、日本社会は、急速に法化(legalization)が進み始めたといわれる。法がほかの社会規範(古くからのしきたりや地域の風習や伝統的な「恩＝義理」の関係など)に取って代わり、いよいよ存在感を増しつつある。いったいこの傾向は、どこまで進むのが望ましいのか。また、法を動かす主体は「官」に限られるべきなのか。それとも、「民」である私人や市民団体(たとえば動物保護団体)に公共的価値の擁護推進の一翼を担わせ、官と同様にあるいは官に代わって、法運用の一部を任せるべきなのか。

これは、日本社会全体の統治（ガバナンス）をどのようにして行うかという大きな問題のひとつの応用場面にほかならない。

動物法を語ることは、自分自身と動物の関係をとらえなおし、動物との関係の持ち方という観点から自分の生き方を反省し、同時に、自分の属する社会のあり方、その社会のなかの法の機能について反省することにもつながる。

動物法を語る意味は、あんがい深く、そして広い。

おわりに——第2版にあたって

本書の初版は二〇〇九年に出版された。東京大学出版会編集部の光明義文さんのお勧めとご尽力があって世に出すことができたものであった。

たとえばアメリカには、「動物法」（Animal Law）という授業をもっているロースクールがたくさんあり、なかにはオレゴン州のルイス・クラーク・ロースクール（Lewis & Clark Law School）のように、動物法専門の修士（LL・M）コースをもつものすらある。ドイツやフランスでも動物の法的地位や動物虐待罪について法学者が古くから強い関心を抱いているし、動物福祉をめぐるヨーロッパ共同体（EU）の立法は分厚く発達している。

その一方、わが国では、動物法というかたちで、ひとつの体系的な法学の分野が形成されているとは、いまだいえない。書名に動物法という言葉を冠した著作も、わが国では本書の初版が最初だったのではないかと思われる。

それから七年の時間が経過した。

その間、わが国では、動物と法の問題に関心をもつ市民の数は明らかに増えてきているように思う。

また、「はじめに」で述べたように、動物法研究と自称しないけれども、憲法、民法、刑法、行政学その他の領域に属する研究で、動物に関する法のあり方を論じる研究の数も増えてきている。当然のことながら、それらの研究の理論水準は徐々に高まり、それらの日本語文献から入手できる情報量も増えつつある。

その背景には、動物に関連するわが国の立法と行政が活発に動き発展してきているという事情がある。実際、本書の初版の出たあとにも、「動物の愛護及び管理に関する法律」の大改正（二〇一二年）をはじめ動物関連法令の改正が複数あったほか、「方針」や「戦略」と名づけられた行政的活動指針の類などにも変更がいくつも加えられた。

その結果、本書初版の記述は、残念ながらあちこちで古くなってしまったので、今回、内容をアップデートした第2版を出すことにした。

改訂にあたっては、法改正などの内容を反映させることに重点を置き、基本構成自体は初版の枠組みをそのまま維持しているため、法理論的には相変わらず粗雑な議論にとどまったところも多いが、どのような立場からであれ、動物法の問題に興味をおもちの読者が、動物法の世界の現状と問題点を概観する手助けにはなると思う。

また、学問的な面でも、私より若く優れた法学研究者たちの手で、動物法の理論化・体系化が今後も進んでゆくはずなので、初版同様に本書が、そのための一種の「叩き台」としての役割も果たすことができれば幸いである。

たとえば、本書第10章「動物法の未来」で示した「動物の権利」についての議論は、いうまでもなく、現行法の解釈論ではない。おもに倫理学の領域で議論されている動物の権利という発想が実定法学と対話することができるとしたら、どのような土俵がありうるかという関心から、一種の「思考実験」として、仮想的な「立法論」を展開し、その現実の困難さもあわせて指摘したものである。このことは本文中にも明記したとおりである。現行日本法それどころかほとんどすべての国の現行法は、動物の権利を（少なくとも正面からは）認めていないことが明らかである。しかし、倫理思想としての動物の権利の主張は、いまだ支持者（ましてやその実践者）の数は多くはないものの、もはや「エキセントリックな珍説」として一笑に付すことができないほどの存在感をもつにいたっている。わが国の実定法学も、いつの日か（それがどのくらい遠い将来かはわからないが）、この倫理的主張とどう対峙するかを正面から考えざるをえない日が来ると、私自身は予想している。将来「その日」が到来した折に実定法学者の方々が、あるいは、すでに現在においてその日がいつか来ると私同様に考えている方々が、みずからの理論構築をする過程で本書の思考実験を検討・批判の対象（のひとつ）に選んでくだされば光栄である。

議論を触発する契機となることはもちろん、批判されること、全面否定されることすらも、学界の理論水準の向上に寄与する学問的貢献のひとつだと信じている。

本書の出版にあたっては多くの方々のご援助があった。

まず、出版事情がきわめて厳しいなかで、第2版を出すことを認めてくださった東京大学出版会と、初版同様に緻密かつ迅速に改訂作業を進めてくださった光明義文さんに、心から感謝を申し上げる。

また、本書の改訂・校正の作業を進めるにあたっては、一橋大学大学院法学研究科で学ぶ本庄萌さん（博士課程二年生）と吉田聡宗さん（修士課程一年生）が、細かい確認作業を引き受けてくれた。さらに、本書のカバー装丁には、永年にわたり野鳥の美しい姿を描き続けていらっしゃる内藤五琅さんが、その御作品を使用することを許してくださった。まことにありがたいことである。二人の門下生（本庄さん、吉田さん）と内藤画伯にも深く御礼を申し上げたい。

最後に、やや私事にわたることではあるが、大学三年生（二〇歳）でゼミナールに入れていただいて以来三四年の長きにわたるご指導を賜っている一橋大学名誉教授・福田平先生に本書をおみせできるのは、うれしいことである。大正一二年生まれの先生は、本年、九三歳におなりになる。齢すでに五四歳に達した不肖の弟子が、自分の著作を四〇歳近く年長の恩師のお目にかけることができるのは、かなり奇跡的なことであろう。

恩師のご長寿をことほぎつつ

二〇一六年五月

青木人志

参考文献

本書中に直接引用したもののほか、参考にしたものを含む。

●和文文献（著者名五十音順）

青木人志［一九九九年］「動物に法人格は認められるか――比較法文化論的考察」『一橋論叢』一二一巻二号

青木人志［二〇〇〇年］「介助犬と法――比較法的基礎調査」『一橋大学研究年報・法学研究』三四号

青木人志［二〇〇一年］「介助犬使用者の権利実現――アメリカＡＤＡ執行報告書に学ぶ」『介助犬の基礎的調査研究報告集――介助犬の実態と身体障害者への応用に関する研究』（平成一二年度厚生科学研究障害保健福祉総合研究事業・班長高柳哲也）

青木人志［二〇〇二年ａ］『動物の比較法文化――動物保護法の日欧比較』有斐閣

青木人志［二〇〇二年ｂ］「『動物の権利』を語ることは可能か？――比較法文化論の立場から」『ヒトと動物の関係学会誌』一一号

青木人志［二〇〇二年ｃ］「身体障害者補助犬法案の評価と課題」『介助犬の適応障害と導入及び効率的育成に関する調査研究――身体障害者に対する有用性と課題』（平成一三年度厚生科学研究障害保健福祉総合研究事業介助犬研究班報告集・班長藤田紘一郎）

青木人志［二〇〇三年］「身体障害者補助犬法施行後の法学的及び社会的課題についての考察――『障害のあるアメリカ人法』（ＡＤＡ）と比較しつつ」『介助犬の適応障害と導入及び効率的育成に関する調査研究――身体障害者に対する有用性と課題』（平成一四年厚生科学研究費補助金・障害保健福祉総合研究事業・総括分担報告書・主任研究者藤田紘一郎）

青木人志［二〇〇四年］『法と動物——ひとつの法学講義』明石書店
青木人志［二〇〇五年］『「大岡裁き」の法意識——西洋法と日本人』光文社
青木人志［二〇〇六年ａ］「市民社会と司法制度改革」『学際』一七号
青木人志［二〇〇六年ｂ］「動物をめぐる法文化——日欧比較の視点から」『季刊東北学』九号
青木人志［二〇一〇年］「アニマル・ライツ——人間中心主義の克服？」愛敬浩二編『講座人権論の再定位2　人権の主体』法律文化社
青木人志［二〇一一年］「わが国における動物虐待関連犯罪の現状と課題——動物愛護管理法第四四条の罪をめぐって」浅田和茂ほか編『村井敏邦先生古稀記念　人権の刑事法学』日本評論社
青木人志［二〇一六年ａ］「動物保護法の日英比較——とくに動物虐待の訴追をめぐって」法律時報八八巻三号
青木人志［二〇一六年ｂ］「動物実験の法規制を考える視点——比較法学者が科学者に教えてほしいこと」『ＮＰＯ動物実験関係者連絡協議会　第四回シンポジウム報告書』ＮＰＯ動物実験関係者連絡協議会のウェブサイトの会員ページにＰＤＦファイルで掲載
浅川千尋［二〇一六年］「ドイツ憲法から動物保護と法を考える——動物実験規制と人間中心主義克服を中心に」『法律時報』八八巻三号
浅野明子［二〇一六年］『ペット判例集——ペットをめぐる判例から学ぶ』大成出版社
伊勢田哲治［二〇〇八年］『動物からの倫理学入門』名古屋大学出版会
井上雄祐［二〇〇五年］「特定外来生物による生態系等に係る被害の防止に関する法律」『法令解説資料総覧』一七九号
今泉友子［二〇一二年］「犬・猫行政殺処分の法的論点の整理」『早稲田法学』八七巻三号
打越綾子［二〇〇五年］「自治体における動物愛護管理政策の構造と過程（東京都ハルスプランを事例にして）」『成城法学』七三号
打越綾子［二〇〇七年］「ペットブームの行政学——自治体動物愛護管理行政に関するアンケート調査結果報告」『成城法学』七五号

打越綾子［二〇一五年］「ペットブームの行政学二〇一四」『成城法学』八四号
打越綾子［二〇一六年］『日本の動物政策』ナカニシヤ出版
浦野徹［二〇一一年］「実験動物と動物実験に関する意見書」平成二三年一〇月三一日中央環境審議会動物愛護部会動物愛護管理のあり方検討小委員会（第二四回）提出
大槻公一［二〇〇八年］『新型インフルエンザから家族を守る18の方法』青春出版社
大月康弘［二〇〇五年］『帝国と慈善――ビザンツ』創文社
岡崎彰・青木人志［二〇一三年］「人とモノと動物と」『言語社会』八号
岡崎寛徳［二〇〇九年］「生類憐れみ令とその後」中澤克昭編『人と動物の日本史2　歴史のなかの動物たち』吉川弘文館
岡田晴恵［二〇〇四年］『鳥インフルエンザの脅威――本当の怖さはこれからだ』河出書房新社
岡田晴恵［二〇〇七年］『H5N1型ウィルス襲来――新型インフルエンザから家族を守れ！』角川書店
岡田幹治［二〇〇七年］『アメリカ産牛肉から、食の安全を考える』岩波書店
小粥太郎［二〇〇四年］「（演習）民法」『法学教室』二九一号
小粥太郎［二〇〇七年］『民法の世界』商事法務
加藤雅信［二〇〇一年］『「所有権」の誕生』三省堂
河上正二［二〇〇七年］『民法総則講義』日本評論社
河村浩［二〇一一年］「ペットをめぐる民事紛争と要件事実」『判例時報』二一〇一号
神里彩子［二〇〇七年］「イギリスと日本における動物実験規制」城山英明・西川洋一編『法の再構築［Ⅲ］科学技術の発展と法』東京大学出版会
木村佳友・毎日新聞阪神支局取材班［二〇〇〇年］『介助犬シンシア』毎日新聞社
響堂新［二〇〇六年］『BSE禍はこれからが本番だ』洋泉社
国立歴史民俗博物館［一九九七年］『動物と人間の文化誌』吉川弘文館

小松正之［二〇一五年］『国際裁判で敗訴！　日本の捕鯨外交』マガジンランド
小山雅亀［一九九五年］『イギリスの訴追制度――検察庁の創設と私人訴追主義』成文堂
小山雅亀［二〇〇三年］「イギリスの刑事訴追制度の動向――イギリス検察庁をめぐる近年の動きを中心に」『西南学院大学・法学論集』三五巻三・四合併号
小山雅亀［二〇〇六年］「イギリス刑事訴追制度の動向（補論）――二〇〇三年刑事司法法施行後の訴追方式について」『西南学院大学・法学論集』三九巻一号
小山雅亀［二〇一三年］「イギリスにおける私人訴追の変容」『西南学院大学・法学論集』四六巻二号
佐藤衆介［二〇〇五年］『アニマルウェルフェア――動物の幸せについての科学と倫理』東京大学出版会
サンスティン（キャス）・ヌスバウム（マーサ）編［二〇一三年］（安部圭介・山本龍彦・大林啓吾監訳）『動物の権利』尚学社
渋谷寛・佐藤光子・杉村亜紀子［二〇〇七年］『Q＆Aペットのトラブル一一〇番』民事法研究会
嶋津格［二〇一六年］「動物保護の法理を考える」『法律時報』八八巻三号
清水和行・竹前栄治［二〇〇〇年］「盲導犬使用者の人権侵害に関するアンケート調査の結果についての報告」『盲導犬情報』（全国盲導犬施設連合会）第二四号
初宿正典・辻村みよ子［二〇〇六年］『新解説・世界憲法集』三省堂
白輪剛史［二〇〇七年］『動物の値段』ロコモーションパブリッシング
末弘厳太郎［一九八〇年a］「法人学説について」『末弘著作集Ⅱ　民法雑記帳上巻』日本評論社（初版は一九五三年）
末弘厳太郎［一九八〇年b］「実在としての法人と技術としての法人」『末弘著作集Ⅱ　民法雑記帳上巻』日本評論社（初版は一九五三年）
鈴木明子［二〇〇五年］「家畜伝染病予防法の一部を改正する法律」『法令解説資料総覧』二七六号
高橋満彦［二〇一六年］「野生動物法とは――人と自然の多様な関係性を託されて」『法律時報』八八巻三号
高森雅樹［二〇〇二年］「牛海綿状脳症対策特別措置法」『法令解説資料総覧』二四九号

高柳哲也［二〇〇二年］「介助犬の必要性、重要性と緊急性」同編『介助犬を知る』名古屋大学出版会
高柳友子［一九九八年］「介助犬――適応と効果」JOURNAL OF CLINICAL REHABILITATION Vol. 7 No. 2.
高柳友子［二〇〇二年］『介助犬』角川書店
高山佳奈子［二〇一四年］「『感情』法益の問題性――動物実験規制を手がかりに」『山口厚先生献呈論文集』成文堂
竹前栄治［一九九四年］「盲導犬使用者の人権侵害に関する実態調査――アイメイト協会同窓会人権対策特別部会によるアンケート集計結果」『東京経大学会誌』一八七号
ターナー（ジェイムズ）［一九九四年］（斎藤九一訳）『動物への配慮――ヴィクトリア時代精神における動物・痛み・人間性』法政大学出版局
椿寿夫・堀龍児・吉田眞澄［一九九七年］『ペットの法律全書』有斐閣
ドゥグラツィア（デヴィッド）［二〇〇三年］（戸田清訳）『動物の権利』岩波書店
動物愛護管理法令研究会［二〇〇二年］『改正動物愛護管理法――解説と法令・資料』青林書院
動物愛護管理法令研究会［二〇〇六年］『動物愛護管理業務必携』大成出版社
動物愛護論研究会［二〇〇六年］『改正動物愛護管理法Q&A』大成出版社
外岡立人［二〇〇六年］『新型インフルエンザ・クライシス』岩波書店
中澤克昭［二〇〇九年］『人と動物の日本史2　歴史のなかの動物たち』吉川弘文館
中司光紀［二〇〇二年］「身体障害者補助犬法・身体障害者補助犬の育成及びこれを使用する身体障害者の施設等の利用の円滑化のための障害者基本法等の一部を改正する法律」『法令解説資料総覧』二四八号
成廣孝［二〇〇六年］「キツネ狩りの政治学――イギリスの動物保護政治」『岡山大学法学会雑誌』五四巻四号
ニィリエ（ベンクト）（河東田博・橋本由紀子・杉田穏子訳編）［一九九八年］『ノーマライゼーションの原理――普遍化と社会変革を求めて』現代書館
西川理恵子・鈴木一雄［二〇〇六年］「イギリスの動物法概観――動物福祉法を中心に」『ペット六法（第二版）』誠文堂新光社

仁田山義明［二〇〇八年］「身体障害者補助犬法の一部を改正する法律」『法令解説資料総覧』三二一号
新田一郎［二〇一六年］「動物、生類、裁判、法――日本法制史からの俯瞰と問い」『法律時報』八八巻三号
日本自然保護協会［二〇〇三年］『生態学からみた野生生物の保護と法律』講談社サイエンティフィク
農林水産省生産局畜産部食肉鶏卵課ビーフ・トレーサビリティPT［二〇〇三年］「牛の個体識別のための情報の管理及び伝達に関する特別措置法」『法令解説資料総覧』二六一号
畠山武道［一九九九年］「米国自然保護訴訟と原告適格――動物の原告適格を中心に」『環境研究』一一四号
濱名功太郎［二〇〇七年］「鳥獣の保護及び狩猟の適正化に関する法律の一部を改正する法律」『法令解説資料総覧』三〇〇号
林修三［一九七四年］「動物の保護及び管理に関する法律について」『ジュリスト』五五八号
羽山伸一［二〇〇一年］『野生動物問題』地人書館
福岡伸一［二〇〇五年］『プリオン説はほんとうか？』講談社
福岡伸一［二〇〇八年］『生命と食』岩波書店
藤井康博［二〇〇八年］「動物保護のドイツ憲法前史（1）――『個人』『人間』『ヒト』の尊厳への問題提起1」『早稲田法学会誌』五九巻一号
藤井康博［二〇〇九年ａ］「動物保護のドイツ憲法前史（2・完）――『個人』『人間』『ヒト』の尊厳への問題提起1」『早稲田法学会誌』五九巻二号
藤井康博［二〇〇九年ｂ］「動物保護のドイツ憲法改正（基本法二〇ａ条）前後の裁判例――「個人」「人間」「ヒト」の尊厳への問題提起2」『早稲田法学会誌』六〇巻一号
プリングル（ローレンス）［一九九五年］（田邊治子訳）『動物に権利はあるか』ＮＨＫ出版
三上正隆［二〇〇六年］「動物の愛護及び管理に関する法律二七条二項にいう『虐待』の意義」『法律時報』七八巻一〇号
三上正隆［二〇〇八年］「動物の愛護及び管理に関する法律44条2項にいう『虐待』の意義」『國士舘法學』四一号

三上正隆［二〇一三年］「動物殺傷事案において、詐欺罪及び動物殺傷罪（動物愛護管理法四四条一項）の成立が認められ、懲役三年、保護観察付き執行猶予5年の判決が言い渡された事例――横浜地川崎支判平成二四年五月二三日」『愛知学院大学論叢法学研究』五四巻三・四号
三上正隆［二〇一五年a］「愛護動物遺棄罪（動物愛護管理法四四条三項）における『遺棄』の意義」『法学新報』一二一巻一一・一二号
三上正隆［二〇一五年b］「愛護動物遺棄罪（動物愛護管理法四四条三項）の保護法益」高橋則夫・松澤伸・松原芳博編『野村稔先生古稀祝賀論文集』
三上悠子［二〇〇八年］「生物多様性基本法」『法令解説資料総覧』三三二号
森村進［一九九五年］『所有権法の理論』弘文堂
谷津義男・北川知克・盛山正仁・末松義規・田島一成・村井宗明・江田康幸［二〇〇八年］『生物多様性基本法』ぎょうせい
山内一也［二〇〇一年］『狂牛病・正しい知識』河出書房新社
山内一也［二〇〇二年a］『狂牛病と人間』岩波書店
山内一也［二〇〇二年b］『プリオン病の謎に迫る』日本放送出版協会
山田隆夫［一九九八年］「奄美自然の権利訴訟の提起するもの――環境法の今日的課題」『自由と正義』四九巻一〇号
山村恒年・関根孝道［一九九六年］『自然の権利』信山社
吉井啓子［二〇〇六年］「フランス民法典における動物の地位――動物保護法制に関するアントワーヌ報告書」『國學院法學』四四巻一号
吉井啓子［二〇一四年］「動物の法的地位」吉田克己・片山直也編『財の多様化と民法学』商事法務
吉田眞澄［二〇〇〇年］『ペットの法律案内――転ばぬ先の知恵』黙出版
吉田眞澄［二〇〇二年］「ペット法概論」『ペット六法（第一版）』誠文堂新光社
吉田眞澄［二〇〇六年a］「ペット法概論」『ペット六法（第二版）』誠文堂新光社

吉田眞澄［二〇〇六年b］「動物愛護管理の担い手」『ペット六法（第二版）』誠文堂新光社
渡邉斉志［二〇〇二年］「ドイツ連邦共和国基本法の改正――動物保護に関する規定の導入」『外国の立法』二一四号

●欧文文献

Bekoff（Marc）［1998］*Encyclopedia of Animal Rights and Animal Welfare*, Greenwood Press
Cooper（Margaret E.）［1987］*An Introduction to Animal Law*, Academic Press
Marguénaud（Jean-Pierre）［1992］*L'Animal en Droit Privé*, PUF
Radford（Mike）［2001］*Animal Welfare Law in Britain*, Oxford University Press
Halsbury's Statutes of England and Wales, Fourth Edition, London, Butterworth,1998 Reissue

●ウェブサイト

環境省　http://www.env.go.jp/
厚生労働省　http://www.mhlw.go.jp/
農林水産省　http://www.maff.go.jp/
国立感染症研究所　http://www.nih.go.jp/niid/ja/from-idsc.html
富士河口湖町役場　https://www.town.fujikawaguchiko.lg.jp/
公益財団法人日本自然保護協会　https://www.nacsj.or.jp/
公益財団法人日本動物愛護協会　http://www.jspca.or.jp/index.php
公益社団法人日本動物福祉協会　http://jaws.or.jp/
公益財団法人日本野鳥の会　http://www.wbsj.org/

公益財団法人世界自然保護基金ジャパン　https://www.wwf.or.jp/
e-Gov法令データ提供システム　http://law.e-gov.go.jp/cgi-bin/idxsearch.cgi
Royal Society for the Prevention of Cruelty to Animals　http://www.rspca.org.uk/home

［著者略歴］
一九六一年　山梨県富士吉田市に生まれる
一九八四年　一橋大学法学部卒業
一九八九年　一橋大学大学院法学研究科博士課程単位修得
現在　一橋大学大学院法学研究科教授、博士（法学）

［主要著書］
『動物の比較法文化——動物保護法の日欧比較』（二〇〇二年、有斐閣）
『法と動物——ひとつの法学講義』（二〇〇四年、明石書店）
『「大岡裁き」の法意識——西洋法と日本人』（二〇〇五年、光文社）
『〈戦争〉のあとに——ヨーロッパの和解と寛容』（共編著、二〇〇八年、勁草書房）
『グラフィック法学入門』（二〇一二年、新世社）ほか

日本の動物法［第２版］

二〇〇九年八月五日　初　版第一刷
二〇一六年九月五日　第二版第一刷
二〇一八年三月五日　第二版第二刷

検印廃止

著　者　青木《あおき》人志《ひとし》
発行所　一般財団法人　東京大学出版会
代表者　古田元夫
一五三-〇〇四一　東京都目黒区駒場四-五-二九
電話：〇三-六四〇七-一〇六九
振替〇〇一六〇-六-五九九六四
印刷所　株式会社　精興社
製本所　誠製本株式会社

ISBN 978-4-13-063346-8 Printed in Japan